기초탄탄 카페영어
CAFE ENGLISH

KB150408

기초탄탄 카페영어

초판 발행 2023년 3월 3일

지은이 김태현
펴낸이 류원식
펴낸곳 교문사

편집팀장 김경수 | **책임진행** 권혜지 | **디자인** 신나리 | **본문편집** 오피에스디자인

주소 10881, 경기도 파주시 문발로 116
대표전화 031-955-6111 | **팩스** 031-955-0955
홈페이지 www.gyomoon.com | **이메일** genie@gyomoon.com
등록번호 1968.10.28. 제406-2006-000035호

ISBN 978-89-363-2445-2(93590)
정가 20,000원

기초탄탄 카페영어
CAFE ENGLISH

김태현 지음

교문사

INTRODUCTION
들어가며

Entertain your brain with English!
영어로 두뇌를 즐겁게 훈련하기

　MZ세대 여러분, 예전에는 해외여행을 가기 전에 서점에 가서 여행가고자 하는 국가의 회화집을 하나씩 사서 간단한 문장이나 단어를 암기하기도 했습니다. 그런데 4차 산업혁명과 코로나19로 인해 전 분야에서 디지털 트랜스포메이션이 가속화되었고, 외국어 번역은 구글 번역기를 사용하고 외국여행을 떠날 때는 모바일에 번역기 앱을 다운받아서 가면 되는 시대가 되었습니다.

　외국에서 쇼핑을 하거나 길을 물어볼 때 상대방의 말을 알아듣지 못해도 앱을 실행하면 무슨 뜻인지 알 수 있고, 내가 하고 싶은 말을 앱에 음성으로 말하면 바로 원하는 언어로 바꾸어 전달합니다. 이런 경험 한 적이 있으신가요?

　여러분은 지금 이렇게 세상이 바뀌었는데 군이 외국어 공부를 해야 하냐고 오히려 외국어 공부가 시간 낭비라 여기고 있지는 않나요?

　다른 나라의 언어를 이해하는 것은 단순히 말을 한다는 의미를 뛰어넘습니다. 언어 속에 녹아있는 그 나라의 문화, 사고방식을 이해함으로써 여러분의 인지력과 사고의 지평을 넓힐 수 있으며 무엇보다 창의력이 중요한 지금의 시대에 외국어 공부가 더더욱 필요하다고 저자는 보고 있습니다. 미국에서

TESOL 학위를 받았고 10년 넘게 대학에서 학생들을 가르치며 학생들이 좀 더 쉽고 재미있게 영어를 배우는 방법을 꾸준하게 연구해 왔습니다. 외국어에 도전하고 배우는 과정에서 스트레스가 있을 수 있지만 현장에서 외국인과 대화가 되었을 때 느끼는 성취감은 그 과정을 겪은 사람만이 알 수 있습니다.

우리 뇌는 좌뇌와 우뇌로 나뉘어져 있고 좌뇌는 물리적이고 이성적 판단에 관여하고, 우뇌는 창의적 사고를 하고 직관적 판단에 관여한다고 알려져 있습니다. 특히나 요즘과 같은 시대에는 인간은 단순 기계나 컴퓨터가 하는 영역이 아닌 창의적 영역에 집중해야 하고 차별화하기 위해 이러한 능력을 개발해야 한다고 전문가들은 말합니다. 다른 언어를 배우는 것은 사고를 유연하게 하고 다면적 사고를 한다는 연구 결과도 있습니다. 창의적 사고력을 향상시키는 여러 가지 활동이 있겠지만 외국어를 배우는 것도 하나의 방법이 될 수 있으며, 이를 통해 뇌를 젊고 건강하게 만들 수 있을 것입니다.

이 책을 통해 여러분이 서비스직에 종사하거나 해외여행을 갈 때, 외국인 친구를 만날 때 쉽게 활용하도록 반복적인 연습과 패턴으로 구성하였으며, 또한 서비스 절차에 따라 전개되기 때문에 혼자 책을 읽으면서 자기주도 학습이 가능합니다. 세상을 살면서 모국어 외에 언어를 구사할 수 있다는 것은 정말 매력적인 일입니다. 여러분이 세상을 높이 날고, 보다 멀리 볼 수 있는 도구로서 이 책을 활용하길 바랍니다.

2023년 2월
관악산 자락에서
김태현

CONTENTS

차례

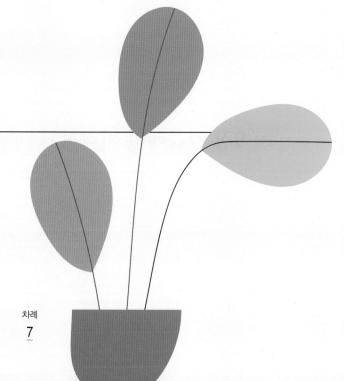

6장 주문받기

7장 식사 중 서비스하기

8장 계산하고 배웅하기

9장 컴플레인 처리하기

10장 한식 서비스하기

11장. 요리상식

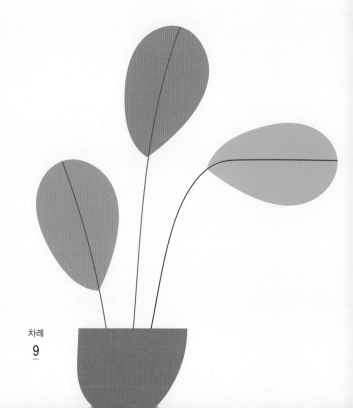

CAFE ENGLISH

1장. F&B 업무 기초

F&B basics

F&B 업무의 기초 F&B basics

- 레스토랑의 유래와 정의를 학습한다.
- 식음료 서비스에 필요한 용어를 학습한다.
- 레스토랑에서 사용하는 식재료의 이름을 학습한다.

프랑스 대 백과사전을 보면 레스토랑의 어원은 'De Restaurer(레스토레)'에서 유래했는데 이 뜻은 '기력을 회복한다.' 라는 뜻입니다. 1765년 프랑스의 블랑자라는 사람이 동물 양의 발을 끓인 스태미나 스프를 만들어 팔기 시작되었는데, 이것이 음식을 제공하는 가게의 명칭인 레스토랑이 되었다고 합니다. 한편 우리나라에서 정의하는 음식점은 '식사를 편리하게 할 수 있도록 설비된 방', '음식을 만들어서 파는 가게'로 나와 있습니다. 따라서 음식점은 패스트푸드 식당, 캐주얼 다이닝 식당, 파인 다이닝 식당, 카페 등이 포함됩니다.

F&B는 food and beverage의 약자입니다. 레스토랑은 크게 홀과 주방으로 나뉘는데 홀에서 근무하는 종사원을 FOH(Front of the House)라고 하고, 주방에서 근무하는 종사원을 BOH(Back of the House)라고 부릅니다.

1. 레스토랑 직원 조직도

다음은 레스토랑에 근무하는 직원을 직급체계를 도식으로 표현한 것입니다. 업장마다 다소 차이가 있을 수 있고 명칭에도 차이가 있으나, 담당하는 업무의 범위는 크게 상이하지 않습니다.

서비스 종사원의 역할

- 근무 시간 지키기
- 유니폼과 이름표 부착하기
- 매니저의 지시에 따라 업무 수행하기
- 해당 구역 청결하게 유지하기
- 필요 물품을 채워두기
- 주변을 청결하게 치우기
- 서비스 프로세스를 숙지하기
- 제공하는 메뉴 이해하기
- 고객의 주문 받기

- 음료 전달하기
- 메뉴 추천하기
- 예의 바르게 응대하기
- 주문 내용을 키친에 정확하게 전달하기
- 커피나 따뜻한 물 리필하기
- 계산서 제시하기
- 고객의 불만에 즉각적으로 대처하기
- 동료들과 효율적으로 업무하기
- 테이블 정리하기

2. 국가별 요리명과 명칭

국가별 요리와 식당을 표현할 때는 국민을 지칭하는 단어와 퀴진 또는 레스토랑을 붙여 한 국가에서 먹는 스타일의 음식과 한 국가의 음식을 파는 레스토랑으로 표현합니다.

1) 국가별 요리

● [공식 1] 국민 + cuisine: ○○요리

American cuisine	미국요리
Chinese cuisine	중국요리
French cuisine	프랑스요리
Greek cuisine	그리스요리
Indian cuisine	인도요리
Italian cuisine	이탈리아요리
Japanese cuisine	일식요리
Korean cuisine	한식요리
Mexican cuisine	멕시코요리
Spanish cuisine	스페인요리
Thai cuisine	태국요리
Vietnamese cuisine	베트남요리

● [공식 2] 국민 + restaurant: ○○음식을 파는 식당

American restaurant	미국식당
Chinese restaurant	중식당
French restaurant	프랑스식당
Greek restaurant	그리스식당

Indian restaurant	인도식당
Italian restaurant	이탈리아식당
Japanese restaurant	일식당
Korean restaurant	한식당
Mexican restaurant	멕시칸식당
Spanish restaurant	스페인식당
Thai restaurant	태국식당
Vietnamese restaurant	베트남식당

3. 레스토랑 도구와 명칭

레스토랑에서 사용하는 테이블 웨어의 종류는 크게 격식을 차린 세팅과 캐주얼한 세팅으로 나눌 수 있습니다. 각각에 사용되는 기물의 이름을 기억해둡시다.

1) 포멀 다이닝 테이블 세팅

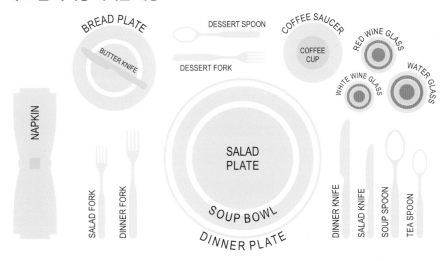

2) 캐주얼 다이닝 테이블 세팅

BREAD PLATE
BUTTER SPREADER
WINE GLASS
WATER GLASS
NAPKIN
SALAD FORK
DINNER FORK
SERVING PLATE
DINNER KNIFE
SOUP SPOON
TEA SPOON

3) 테이블 식기류의 명칭

bread plate	salad fork
serving plate/dinner plate	salad knife
fish/salad plate	soup spoon
side/bread plate	teapot
soup/cereal bowl	tea spoon
butter dish	dessert spoon
pepper and salt shakers	dessert fork
bread basket	water glass
napkin	wine glass
place card	creamer
cup	sugar bowl
saucer	tray
dinner fork	table cloth
dinner knife	coaster

4. 식재료 용어

다음은 레스토랑에서 자주 쓰이고 사용되는 용어를 재료별로 나누어 정리하였습니다. 손님에게 음식을 권하거나 조리법을 설명할 때 필요한 단어들인 만큼 즐겁게 학습해 보도록 합시다.

1) 소금(Salt)

Sea Salt	바다소금, 천일염
Kosher salt	코셔 솔트(유대인들이 종교적인 이유로 먹는 소금), 꽃소금과 비슷
Rock salt	바위 소금(암염)
Pink salt	핑크 솔트, 색깔이 분홍빛이 나는 소금으로 히말라야 소금으로 알려짐
Bamboo salt	죽염
Fler de sel	플뢰르 드 셀, 프랑스 최고급 수작업 생산되는 소금
Guerande salt	프랑스 게랑드 지역에서 생산되는 소금

2) 설탕(Sugar)

White sugar(granulated sugar)	백설탕
Powdered sugar =Confectioner's sugar	분당(슈가 파우더)
Dark Brown sugar	흑설탕
Light brown sugar	갈색설탕
Sugar cube	각설탕
Rock sugar	돌 모양의 덩어리 설탕
Artificial Sweetener	인공감미료

3) 과일(Fruits)

(1) 과일류의 세부 명칭

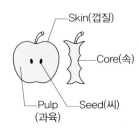

Skin	껍질
Pith	흰 부분(오렌지, 자몽)
Membranes	흰 부분(귤 등)
Pulp	과육
Seed	씨
Core	속
Pit	씨(복숭아, 올리브 등)

*pitted olives: 씨를 제거한 올리브

(2) 과일류의 관련 용어

Squeezed	쥐어짠

*freshly squeezed orange juice: 갓 짠 오렌지주스

Apple corer	사과 안의 심과 씨를 빼내는 도구
Lemon squeezer	레몬즙을 짜는 도구
Lemon juicer	레몬즙을 짜는 도구

*처음 접하는 과일의 경우 검색을 통해 이미지를 확인해 봅시다.

(3) 과일의 종류

Apple	사과
Apricot	살구
Avocado	아보카도
Banana	바나나
Blackberry	블랙베리
Blood orange	블러드 오렌지
Blueberry	블루베리
Cantaloupe	멜론
Cherry	체리
Chinese date	대추
Coconut	코코넛
Cranberry	크랜베리
Fig	무화과
Grape	포도
Seedless grape	씨없는 포도
Guava	구아바
Grapefruit	자몽
Honeydew melon	허니듀 멜론
Kiwi	키위
Kumquat	금귤
Lemon	레몬
Lime	라임
Mango	망고
Nectarine	천도복숭아
Orange	오렌지

Papaya	파파야
Passion fruit	패션후르츠
Peach	복숭아
Pear	배
Persimmon	감
Plum	자두
Pomegranate	석류
Quince	모과
Raspberry	라즈베리
Star fruit	스타후르츠
Strawberry	딸기
Tangerine	귤
Watermelon	수박

4) 채소(Vegetables)

(1) 채소류의 세부 명칭

Leaves	잎사귀
Stem	줄기(stalk)
Root	뿌리
White part	(파 따위) 흰 부분
Outer leaves	(배추 따위) 겉장

| Shoot | 순(새로 나온, 죽순을 bamboo shots이라고 한다) |
| Sprout | 싹(콩나물을 bean sprouts라고 한다) |

(2) 채소, 허브 등에 주로 쓰이는 표현

Crush**ed**[d로 발음]	눌러서 으깬(마늘, 참깨 등)	[크러쉬드]
Minc**ed**[d로 발음]	다진	[민스드]
Chopp**ed**[t로 발음]	다진	[챱트]
Slic**ed**[d로 발음]	슬라이스 한	[슬라이스드]
Dic**ed**[d로 발음]	주사위 모양으로 썬	[다이스드]
Finely Dic**ed**[d로 발음]	곱게 다진	[화인리 다이스드]
Julienn**ed**[d로 발음]	가늘고 길게 썬	[쥴리엔드]
Ferment**ed**[id로 발음]	발효시킨, 숙성시킨(김치 따위)	[휘얼멘터드]
Pickl**ed**[d로 발음]	(소금에) 절인	[피클드]
Toast**ed**[id로 발음]	(잣 등을) 살짝 구운	[토스티드]
Toasted pine nuts	구운 잣	
Grou**nd**	갈은(freshly ground pepper)	[그라운드]
Grou**nd** pepper	갈은 후추	[그라운드 페퍼]
Crack**ed**[t로 발음]	(외부 충격에 의해) 깨진	[크랙트]
Crack**ed** walnut	으깬 호두	
Crush**ed**[d로 발음]	대충 으깬(주로 눌러 비벼)	[크러쉬드]
Crush**ed** red pepper	으깬 고추	

(3) 채소의 종류

Anahein chili	애너하임칠리
Artichoke	아티초크
Arugula	아루글라(루꼴라)

Asparagus	아스파라거스
Bamboo shoot	죽순
Bean	콩
Beet	비트
Bok choy	청경채(박초이)
Broccoli	브로콜리
Brussels sprouts	방울다다기 양배추(브뤼셀 스프라우트)
Burdock	우엉
Button mushroom	양송이
Carrot	당근
Cauliflower	컬리플라워
Cayenne pepper	카이엔 페퍼
Celery	셀러리
Chanterelle	살구버섯(샨터렐)
Cherry tomato	방울토마토
Chili pepper	고추
Chili powder	고추가루
Daikon	무
Edamame	풋콩(에다마메)
Eggplant	가지
English cucumber	취청오이
Enoki	팽이버섯
Escarole	꽃상추(에스카롤)
Frisee	프리제
Garlic	마늘
Ginger	생강

Green bean	깍지콩
Green onion	파
Green pepper	피망
Horseradish	홀스래디시
Jalappeno	할라페뇨
Kale	케일
Kirby cucumber	피클용 오이
Kohlabi	콜라비(순무)
Leek	리크(대파와 비슷, 단맛)
Lettuce	상추
Lotus root	연근
Matsutake	송이버섯
Mung bean sprout	숙주나물
Mustard green	갓
Napa cabbage	배추
Bean sprout	콩나물
Onion	양파
Oyster mushroom	느타리버섯
Paprika	파프리카
Parsnip	설탕 당근(파스닙)
Plum tomato	이탈리아 토마토
Portobello	포토벨로 버섯
Potato	감자
Pumpkin	호박
Radicchio	적색 치커리(리디키오)
Radish	무(래디시)

Red onion	빨간 양파
Fennel	페널
Rhubarb	루바브
Romaine lettuce	로메인 상추
Savoy cabbage	사보이 양배추
Scallion	대파
Seedless cucumber	씨없는 오이
Shallot	샬롯(양파과)
Shiitake	표고버섯
Snap pea	완두콩
Snow pea	스노피(꼬투리째먹는 콩)
Spinach	시금치
Squash	호박
Swiss chard	근대
Tomatillo	토마티요
Tomato	토마토
Truffle	송로버섯
Turnip	순무
Wasabi	와사비
Watercress	미나리
Sweet potato	고구마
Wood ear mushroom	목이버섯
Zucchini	애호박

5) 허브(Herb)

Bail	바질

Bay leaf	월계수
Chive	차이브
Cilantro	실란트로
Dill	딜
Italian parsley	파슬리
Lemongrass	레몬그라스
Marjoram	마조람
Mint	민트
Oregano	오레가노
Parsley	파슬리
Rosemary	로즈메리
Sage	세이지
Sesame leaf	깻잎
Tarragon	타라곤
Thyme	타임

6) 향신료(Spices)

Allspice	올스파이스
Black pepper	흑후추
Cardamom	카다멈
Celery seed	셀러리씨
Cinnamon	시나몬
Clove	정향
Cumin	큐민
Curry	커리
Dill seed	딜씨

Fennel seed	페널씨
Mustard seed	겨자씨
Nutmeg	육두구
Peppercorn	통후추
Pink pepper	핑크후추
Poppy seed	양귀비씨
Saffron	사프란
Star anise	팔각
Turmeric	강황
White pepper	백후추

 돌발퀴즈

세계 3대 향신료는?

정답: 후추, 계피, 정향

(1) 한식에 자주 등장하는 향신료

산초	Japanese pepper, Japanese pricklyash
깻잎	*kkaetnip*, perila leaves(mint family, sesame leaves)
미나리	*minari*, dropwort(water dropwort), Korean watercress
	Cresson=watercress 수경재배 식물
부추	Chinese chive
쑥갓	Crown daisy
쑥	Mugwort
솔잎	Pine needle
고수	Chinese coriander
오미자	*Schizandra berrry* (단맛, 쓴맛, 짠맛, 매운맛의 5가지 맛을 가지고 있다

하여 오미자라고 부르는 것 아셨나요?)

감초	Licorice
달래	Wild chive
아욱	Eurled mallow
토란	Taro root
근대	Leaf beet, similar to Swiss chard
적채	Red cabbage, similar to radicchio
냉이	*Naegi* (shepherd's purse shoot)
봄동	*Bomdong*, early spring nappa cabbage
여주	Bitter melon

7) 생선/갑각류(sea food)

(1) 생선의 구조

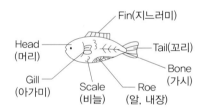

Head	머리
Tail	꼬리
Bone	가시
Fin	지느러미
Gill	아가미
Gut	내장
Roe	알 or 내장

Scale	비늘
Fillet	(길이로 뜬) 낱장
Steak	(세로로 낸) 토막 낸
Dressed fish	머리와 꼬리 잘라내고 내장 제거한 것

(2) 생선 밑 준비에 주로 쓰이는 표현들

Unshelled	(조개류) 껍질을 벗긴
Debeard	(홍합 등) 수염을 제거한
Deveined	(새우) 내장을 제거한
Deboned	뼈를 발라낸
Head off	머리를 떼어낸
Tail off	꼬리를 떼어낸
Scaled	비늘을 벗긴
Gutted	내장을 제거한
Skinned	껍질을 벗겨낸

(3) 생선의 종류
● 납작한 생선

Halibut	할리벗(넙치)
Dover sole	도버 쏠(가자미류)
Skate	가오리/홍어
Turbot	광어
Monkfish	아귀

● 흰 살 생선

Cod	대구

Seabass	농어
Grouper	농어과
Snapper	참돔
Mackerel	고등어
Herring	청어
Sardine	멸치과의 생선
Eel	장어

● **붉은 살 생선**

Salmon	연어
Trout	송어
Sturgeon	철갑상어
Caviar	철갑상어알
Tuna	다랑어, 참치
Mahi mahi	만새기(마히마히, 열대 생선)
Swordfish	황새치

● **갑각류**

Lobster	랍스터
Crab	게
Soft shell crab	소프트 쉘 크랩
Crayfish	크래이피쉬(랍스터 같이 생김)
Scampi	닥새우
Prawn	새우 종류
Shrimp	새우

● 조개류(Clams)

Abalone	전복
Clam	대합조개
Oyster	굴
Conch	고둥
Mussel	홍합
Oyster	굴
Scallop	관자
Snail	달팽이

● 연체동물

Octopus	문어
Squid	오징어
Cuttlefish	갑오징어

● 중식에서 많이 쓰는 생선

Sea cucumber	해삼
Shark´s fin	샥스핀(상어지느러미)
Sea swallow´s nest	바다 제비집
Sea squirt	멍게
Smoked	훈제한

8) 육류

(1) 가금류(Poultry)

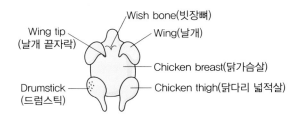

Chicken breast	닭 가슴살
Drumsticks	드럼스틱
Wing	날개
Wing tip	날개 끝자락
Wish bone	빗장뼈
Neck	목
Thigh	다리 살
Pheasant	꿩
Quail	메추리
Duck	오리
Goose	거위
Turkey	칠면조

(2) 돼지고기(pork)

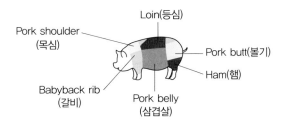

Pork shoulder	목심
Loin	등심
Ham	뒷 넓적다리
Bacon	옆구리 살
Pork Belly	뱃살(삼겹살 부위)
Spareribs	갈비

(3) 양고기(Lamb)

Rack	양갈비
Loin	등심
Leg	다리
Shank	정강이
Breast	가슴살

(4) 소고기(beef)

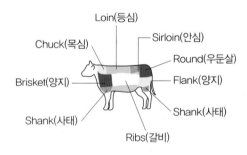

Chuck	목심
Loin	등심
Rib	갈비
Brisket	양짓살

Flank	양지
Shank	사태
Grain-fed	곡물을 먹여 키운
Grass-fed	풀을 먹여 키운
Fillet mignon	안심 스테이크
Sirloin steak	등심 스테이크
Rib eye steak	립아이 스테이크
T-bone steak	티본 스테이크

(5) 소시지(Sausages)

Chorizo	초리죠 소시지(스페인, 포르투갈)
Salami	살라미(이탈리아)
Pepperoni	페퍼로니(미국)
Pancetta	판체타(이탈리아)
Blood sausage	피소시지(우리나라 순대 같은)

9) 곡물류

(1) 곡물의 구조

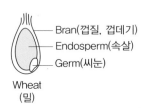

Bran(껍질, 껍데기)
Endosperm(속살)
Germ(씨눈)

Wheat
(밀)

Bran	껍질, 껍데기
Endosperm	속살 부분(내배유)
Germ	씨눈

(2) 곡물의 종류

Rice	쌀
Sticky rice	찹쌀
Long grain rice	안락미(동남아에서 먹는 쌀)
Short grain rice	한국인과 일본인이 주식으로 먹는 쌀
Arborio rice	리조또에 들어가는 쌀
Corn(maize)	옥수수
Wild rice	야생쌀
Wheat	밀
Whole wheat	통밀
Buckwheat	메밀
Sorghum	수수
Millet	기장
Oats	귀리
Rye	호밀

| Barley | 보리 |
| Quinoa | 퀴노아 |

(3) 말린 콩(Dried Beans)

Fava bean	잠두콩
Mung bean	녹두
Chick pea	병아리콩
Kidney bean	강낭콩
Lentil	렌틸콩
Soy bean	대두(된장 담그는 콩)
Azuki bean	팥

(4) 기타

in-shell	껍질이 붙어 있는 (in-shell pistachio)
soaked	(콩 따위) 물에 불린
rehydrated	(말린 곡식이나 채소) 물에 불린

* 불린 표고버섯은 rehydrated shiitake라고 표현하면 됩니다.

10) 파스타(Pasta) 및 곡물 가공품

Spaghetti	스파게티
Farfalle(Bowtie)	파프펠레(나비 모양)
Fusili	푸실리
Penne	펜네
Tagliatelle	따글리아뗄레(칼국수 면처럼 넓은 국수)
Angel Hair(Capellini)	엔젤헤어(카펠리니)
Orzo	올조(쌀처럼 생긴 파스타)

Lasagna	라자냐
Ravioli	라비올리
Gnocchi	뇨끼
Couscous	쿠스쿠스

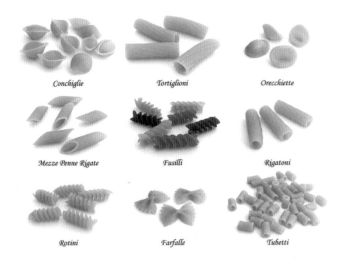

Conchiglie   Tortiglioni   Orecchiette

Mezze Penne Rigate   Fusilli   Rigatoni

Rotini   Farfalle   Tubetti

11) 파이 또는 피자의 세부 명칭

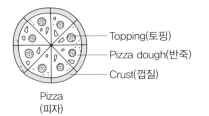

Topping(토핑)
Pizza dough(반죽)
Crust(껍질)
Pizza
(피자)

Filling(충전물)
Tart shell/Pie crust
(껍질)

Dough	반죽
Crust	(피자 등) 가장자리 껍질
Topping	위에 얹는 것, 토핑

12) 음료와 주류(Beverage & alcohol)

(1) 물(water)

Mineral water	미네랄워터
Sparkling water	탄산수
Tap water	수돗물
Bottled water	병에 담긴 물

(2) 탄산음료(Soda)

Coke	코카콜라
Pepsi	펩시콜라
Diet Coke	다이어트 콜라
Sprite	사이다
Dr. Pepper	닥터페퍼
Mountain Dew	마운틴 듀

(3) 와인(Wine)

White wine	화이트 와인(백포도주)

Red wine	레드 와인(적포도주)
Dessert wine	디저트 와인(후식와인)
Rose wine	로제 와인(분홍빛 나는 와인)
House wine	하우스 와인
Ice wine	아이스 와인
Sparkling wine	발포성 와인
Champagne	샴페인 지방에서 나는 발포성 와인
Port	포트 와인
Madeira	마데라 와인
Sherry	쉐리 와인

(4) 맥주(beer)

Draft beer	생맥주
Craft beer	수제맥주
Ale	에일

(5) 기타 주류(Spirits & Liqueur)

Amaretto	아마레또(아몬드 향)
Brandy	브랜디
Calvados	깔바도스(사과 향)
Cointreau	코앤트로(오렌지 향)
Grand Marnier	그랑마니에(오렌지 향)
Kahlua	칼루아(커피 향)
Kirchwasser	키르시(체리 향)
Makgeolli	막걸리
Pernod	페르노드(팔각 향)

Rum	럼(주원료: 사탕수수)
Sake	청주
Soju	소주
Tequilla	데낄라(주원료: 용설란)
Triple sec	트리플섹(오렌지 향 술)
Vodka	보드카(주원료: 곡물)
Whisky	위스키(주원료: 맥아)
*Lemon wedge	레몬 조각
*Sommelier knife	소믈리에 나이프
*Straight	물 섞지 않고
*on the rock	얼음 넣어서

예문

I'll have a glass of whisky.
위스키 한 잔 주세요.

How would you care for your whisky?
위스키 어떻게 준비해 드릴까요?

On the rocks, please.
얼음 넣어 주세요.

Straight up, please.
얼음 없이 주세요.

13) 베이킹 재료

Baking soda	베이킹 소다
Baking powder	베이킹 파우더
Fresh yeast	생이스트
Instant dry yeast	인스턴트 이스트

Gelatin(=gelatine)	젤라틴
Simple syrup	심플시럽
Corn syrup	물엿
Corn starch	옥수수전분
Potato starch	감자전분
Almond flour	아몬드 가루
Bread Flour	강력분
All-Purpose Flour	중력분
Cake Flour	박력분
Whole wheat Flour	통밀가루
Semolina Flour	세몰리나(듀럼 밀가루)
Durum Flour	듀럼 밀가루(파스타 원료로 쓰이는 밀)
Cocoa powder	코코아 가루
Coconut flakes	코코넛 가루
Shortening	쇼트닝
Vanilla bean	바닐라빈
Vanilla extract(essence)	바닐라 농축액(에센스)
Dried blueberry	건조 블루베리
Dried cranberry	건조 크랜베리
Raisin	건포도
Nutella	누텔라(발라서 먹도록 부드럽게 만든 초콜릿-헤이즐넛 스프레드)
Orange peel	오렌지 껍질 절임
Apricot jam	살구잼
Marzipan	마지팬(아몬드 가루, 슈가파우더, 럼오일을 넣고 섞은 것)

Food color	식용·색소
Cherry filling	체리필링
Blueberry filling	블루베리 필링
Chocolate chip	초콜릿칩
Dark chocolate	다크 초콜릿
Milk chocolate	밀크 초콜릿
White chocolate	화이트 초콜릿

(1) 베이킹 관련 동사

measure	계량하다.
preheat	오븐을 예열하다.
sift	밀가루를 체치다.
melt	버터를 녹이다.
pour	재료를 붓다.
beat	달걀을 풀다.
scale	저울에 올려 계량하다.
squeeze	레몬이나 오렌지를 쥐어짜다.
oil the pan	팬에 오일을 바르다.
line with parchment	(팬에) 유산지를 깔다.
grease the pan	팬에 기름칠 하다.
dust	팬을 밀가루로 얇게 입히다.
toast nuts	견과류를 마른 팬에 향이 나도록 굽다.
separate	(흰자와 노른자를) 분리하다.
mix	섞다.

combine	재료를 합치다.
whisk	거품 내다.
dissolve	(설탕이) 녹다./녹이다.
fold	(주걱으로 반죽을)섞다. 반죽을 접다.
spoon	숟가락으로 뜨다.
smooth the surface	표면을 매끄럽게 정리하다.
use	사용하다.
overmix	지나치게 섞다.
divide	분할하다.
blend	섞다.
rub	문지르다.
fill	채우다.
cream	부드럽게 만들다.
roll	돌돌 둥글게 말다.
press	위에서 누르다.
ferment	발효하다.
stir stir in the egg and vanilla extract	젓다. 젓다(달걀과 바닐라 에센스를 반죽에 넣고 젓다).
shape	모양을 잡다. 성형하다.
score	빵 표면에 칼집을 내다.
cut out	(반죽을 쿠키커터로) 자르다.
knead	반죽하다.
soak soak the gelatin leaves	불리다 젤라틴을 물에 불리다.
brush	솔로 얇게 바르다.

bake	굽다.
cool	식히다.
test	테스트하다. 확인하다.
make the frosting	장식크림을 만들다.
spread	얇게 펴 바르다.
decorate	장식하다.
sprinkle	위에 솔솔 뿌리다.
ice	(케이크)아이싱하다.
pipe	짜다.
whip	거품을 내다.
coat	표면을 매끄럽게 정리하다. 코팅하다.

14) 견과류(nuts)

Almond	아몬드
Whole almond	통아몬드
Sliced almond	슬라이스 아몬드
Cashew nut	캐슈넛(요과라고 하며 중국음식에 많이 사용)
Chestnut	밤
Hazelnut	헤이즐넛
Macadamia	마카다미아
Peanut	땅콩
Pecan	피칸
Pine nut	잣(=pinoli, 이태리에서는 [피뇨올리]라고 부름)
Pistachio	피스타치오
Walunt	호두

15) 유제품 단어

(1) 달걀

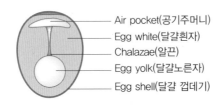

Air pocket(공기주머니)
Egg white(달걀흰자)
Chalazae(알끈)
Egg yolk(달걀노른자)
Egg shell(달걀 껍데기)

Whole egg	전란
Egg Yolk	달걀노른자, 우스갯소리로 가끔 달걀흰자가 egg white라 노른자를 egg yellow로 기억하는 사람들이 있는데 정확한 명칭은 'egg yolk'입니다.
Egg White	달걀흰자
Egg Shell	달걀 껍데기
Raw egg	날계란
Air pocket	달걀 속에 있는 공기주머니
Egg wash	계란 물
Crack the egg	달걀을 깨다
Beat the egg	(젓가락이나 포크 따위로)달걀을 풀다

달걀 요리법에는 여러 가지가 있습니다. 여러분이 브런치를 먹으러 카페에 가시면 다음 메뉴를 볼 수 있습니다.

Poached Eggs	수란
Boiled Eggs	
Hard boiled egg	완숙

Soft boiled egg	반숙
Scrambled eggs	스크램블 에그
Fried eggs	일명 '달걀 프라이'로 알려진 메뉴입니다.
Sunny side up	(노른자 위로)
Over and easy	(한 번만 뒤집은)

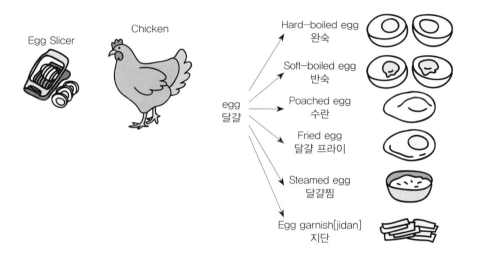

(2) 우유

Pasteurized	살균한
Unpasteurized	살균하지 않은 우유
Whole milk	지방분을 빼지 않은 전유(全乳), 3.5% 유지방
Nonfat or Skim milk	탈지우유(0.5% 미만의 유지방)
Powered milk	분유
Condensed milk	무가당 농축우유
Sweet Condensed milk	가당 농축우유

(3) 크림류

Half and half	하프 앤 하프(우유와 크림이 반반씩 혼합된 것으로 유지방 12%이며 휘핑은 안 됨)
Light whipping cream	30~36% 유지방(일명 휘핑크림)
Heavy cream	헤비크림(36~40% 유지방) → 일반적으로 한국에서 생크림이라 부르는데, 일반 우유보다 지방이 많아 무겁기 때문에 헤비크림이라고 합니다.
Sour cream	사워크림(18~20% 지방, 유산 배양균 처리), 살짝 시큼한 맛이 나는 크림

(4) 요거트류

Yogurt	요거트
Plain Yogurt	다른 향이 들어가지 않은 요거트
Flavored Yogurt	설탕, 인공 향, 또는 과일이 들어간 요거트
Frozen Yogurt	요거트를 냉동시킨 것

(5) 버터

버터는 크게 무염과 가염버터로 나누고 요리에서는 무염을 주로 사용하고 식전 빵과 같이 낼 때는 가염버터를 사용합니다.

Salted Butter	가염버터
Unsalted Butter	무염버터
Margarine	마가린
Clarified	정제한 버터
Melted butter	녹인 버터

(6) 치즈

Aged	숙성된
Shredded	강판에 갈아 짧게 만든 치즈
Grated	(치즈 등) 가루처럼 갈은
Shaved	(치즈 등) 면도하듯이 얇게 밀은
Blue cheese(=Gorgonzola)	블루치즈(고르곤졸라)
Brie cheese	브리치즈
Camembert	까망베르 치즈
Cheddar cheese	체다치즈
Feta cheese	페타치즈
Grana padano	그라나 파다노 치즈
Ricotta cheese	리코타치즈
Mozzarella cheese	모짜렐라 치즈
Parmigiano Reggiano cheese	파마산 치즈

(7) 기름

Extra virgin olive oil	엑스트라 버진 올리브오일
Virgin olive oil	버진 올리브오일
Olive oil(Pure)	올리브 오일
Vegetables oil	식용유
Canola oil	카놀라 오일(서양 유채유)
Grape seed oil	포도씨유
Sunflower seed oil	해바라기씨유
Sesame oil	참기름
Wild sesame oil	들기름

C A F E   E N G L I S H

2장. 예약받기
Telephone Reservation

예약받기 Telephone Reservation

- 전화로 예약 접수를 받을 수 있다.
- 성별에 따라 고객을 부를 수 있다.
- 전치사 at, on, in은 상황에 맞게 사용할 수 있다.
- 시간과 날짜를 말 할 수 있다.

예약 문화가 발달한 서양과는 달리 한국에서는 호텔을 포함한 고급레스토랑인 경우에 예약을 받기도 하는데 사전에 예약을 하면 본인이 원하는 테이블 위치, 좌석을 받을 수 있는 장점이 있습니다. 보통 레스토랑의 예약은 전화로 이루어지지만 요즘은 예약 애플리케이션으로도 예약을 합니다.

　포멀한 다이닝을 제공하는 레스토랑의 경우는 아직도 전화예약을 선호하므로 이번 장에서는 전화 예약의 기본적인 내용을 중심으로 학습합니다.

1. 전화로 예약 접수하기

전화 예약 시 사용하는 문장은 보편적인 내용이므로 한국어로 순서를 생각해보면 그리 어렵지 않습니다. 오프닝에서는 인사를, 바디에서는 희망하는 날짜, 시간, 좌석 위치에 대한 예약을 받고 클로징 멘트로는 감사인사를 하면 됩니다. 우선 예약 절차를 살펴봅시다.

1) Opening

오프닝 단계에서는 전화를 받아 밝게 인사를 하고 레스토랑 이야기를 하며 가볍게 자신의 이름을 말합니다.

2) Body

● [공식] 인사 → 레스토랑 이름 → 자신의 이름 → 무엇을 도와드릴까요 멘트

예 Hello, Blueribbon restaurant, Jenny speaking, how may I help you?

이렇게 말하면 상대방이 자신의 용건을 말하게 되는데 주로 언제, 몇 명, 이름, 전화번호를 알려주며 예약을 하게 됩니다.

예 I'd like to make a reservation on May 5th for 2 at 7:30 p.m.

My name is Thomas and phone number is 010-345-1287.

3) Closing

예약을 하며 직원은 감사 인사와 함께 전화를 마무리 합니다.

예 Thank you for calling us. We'll be expecting you.

2. 영어로 이름 읽기

한국어도 사람을 부르는 다양한 호칭이 있듯이 영어도 다양한 호칭을 사용합니다. 특히 손님을 응대하는 서비스 업종 종사원의 경우 손님이 외국인이라면 어떻게 불러야 할지 고민이 될 수 있어요. 각각의 호칭이 어떤 의미이고 누구를 대상으로 지칭하는지 학습하고 구분해서 적용해보세요.

성은 Last name 또는 Family name이라고 하고 이름은 First name, Given name이라고 합니다.

한국어로 상대방을 부를 때 성과 이름의 순서로 부르고 표기합니다.

[한국어] 홍(성) 길동(이름)

영어는 이름과 성의 순서로 부르고 표기합니다.

[영어] 길동(이름) 홍(성) / Gil Dong, Hong

3. 손님 호칭(addressing guests)

상대방을 부를 때 한국어는 존칭과 경칭을 사용합니다. 똑같이 영어에서도 존칭과 경칭을 사용할 수 있는데요. 우리와 다른 점은 성별에 따라 달라진다는 점입니다.

1) 남자의 경우

● [공식 1] Mr. + family name

남자를 호칭할 때 미혼과 기혼의 구분 없이 Mr로 표기하고 Mister='미스터'라고 읽습니다. 뜻은 ~씨, 00님이라고 해석할 수 있겠네요. 뒤에 상대방의 성을 붙여서 Mr. Kim 이렇게 사용합니다.

Mr. Kim / Mr. Lee / Mr. Park

● [공식 2] Sir

일반적으로 단독으로 사용하고, 남자 손님을 부르는데 가장 무난한 표현으로
많이 사용합니다. '써얼~'이라고 읽고 ~선생님으로 해석하면 됩니다.

Yes, sir. / Excuse me, sir?

2) 여자의 경우

● [공식 1] Miss + family name

Mistress '미스트레스'를 줄여 미스라고 읽는데, 30대 이하 결혼하지 않은 여성
을 가리키고 '~양', '아가씨'가 여기에 해당합니다.

Miss Kim/Miss Lee

● [공식 2] Mrs. + family name

'미시즈'라고 읽고 기혼여성에게 사용합니다. '00부인', '~ 여사님'이라고 칭할
수 있겠네요.

Mrs. Kim / Mrs. Lee / Mrs. Park

● [공식 3] Ms. + family name

'미즈'라 읽고 미혼과 기혼을 구분할 수 없을 때 주로 사용합니다.

Ms. Kim / Ms. Lee / Ms. Park

● [공식 4] Ma'am

'매엠'이라고 읽고 손님, 여사님 정도로 해석, 일반적으로 뒤에 성을 붙이지

않고 단독으로 사용하며, 여성 손님이나 고객을 호칭할 때 가장 많이 사용해서 편리합니다.

Yes, Ma'am / Excuse me, Ma'am?

　　남자를 부르는 호칭이 간단한 반면 여자는 조금 복잡한데요. 'Ms'라는 호칭은 나이 상관없고 기혼과 미혼의 구분이 없으니 Ms 또는 Ma'am은 꼭 암기하면 좋을 것 같아요.

이름을 놓친 경우에는 이렇게!

Can you spell your name, please?
I'm sorry. I didn't catch your name. Could you repeat that again?

4. 시간 말하기

1) 콕 찍어 말하는 전치사 At

예약할 때 '2시에 만납시다.' 또는 '10시로 예약 할게요.' 라고 할 때 '~에'나 '로'에 해당하는 전치사가 바로 at입니다. at은 특정 시간이나 시점을 이야기할 때 주로 사용하는데요. 예약 받을 때 시간이 등장하기 때문에 시간을 표현하는 전치사를 꼭 기억해둡시다.

● [공식 1] at + 특정 시/특정 시점

at noon	정오에
at night	저녁에
at sunset	해질녘에
at dawn	동틀 때

at breakfast	아침 식사 때
at lunch	점심 식사 때
at dinnertime	저녁 식사 때

● [공식 2] at + 특정 휴일(크리스마스, 추석, 설날)

at Christmas	크리스마스에
at Thanksgiving	추석에
at New Year's day	설날에

예문

See you at 2 o'clock.
두 시에 만나.

I get up at 7 o'clock.
7시에 일어난다.

I had lunch at 12:00.
12시에 점심을 먹었다.

I get off work at 6 o'clock.
6시에 퇴근한다.

The movie starts at eight o'clock.
영화는 8시에 시작한다.

Water boils at 100 degree Celsius.
물은 섭씨 100도에서 끓는다.

Come and visit us at Christmas.
크리스마스에 또 오세요.

2) 날짜와 요일을 말할 때 On

● [공식 1] on + 요일

일주일은 주중 5일과 주말 2일로 나뉩니다. 요일과 약어 표현을 잘 익혀두세요.

DAYS OF THE WEEK		
Weekend(평일)	**Monday**	**Mon.**
	Tuesday	**Tue.**
	Wednesday	**Wed.**
	Thursday	**Thu.**
	Friday	**Fri.**
Weekend(주말)	**Saturday**	**Sat.**
	Sunday	**Sun.**

예문

I will visit you on Tuesday.
The exam is on Monday.
I will see you on Friday.

● [공식 2] on + 날짜

My birthday is on July 4th.

*TGIF: Thank God it's Friday 또는 Thank Goodness it's Friday.

직장인이라면 한 주의 일이 끝나는 금요일을 기다리지 않을 수 없는데요. 위 문장의 뜻은 '금요일이라 다행이다', '이제 주말이다'라고 해석할 수도 있어요. 한국어로는 '오늘 불금이네'가 가장 근접한 뜻이 아닐까 싶네요. 이 단어를 사용하는 레스토랑도 있었습니다. 90년대 한국에 들어와 선풍을 일으켰던 식당의 이름으로, 당시에는 대단한 인기였습니다. 현재는 수도권과 지방의 큰 도시 일부만 매장이 남아있습니다.

3) 예약 시간을 변경할 때 forward

8시에서 7시로 예약 시간을 앞당길 경우

I made a reservation at 8:00, but could you bring it forward to 7 p.m.?

6시에서 7시로 예약시간을 늦추는 경우

Could you put that forward to 7 o'clock?

5. 숫자와 날짜 말하기

날짜를 표현하기 위해서는 먼저 숫자 읽는 법을 알아야 합니다. 하나, 둘, 셋과 같은 개수를 말할 때는 기수, 반에서 1등, 2등, 3등의 순서를 표현하고자 하면 순서를 나타내는 서수를 사용합니다.

1) 숫자 읽기

(1) 기수와 서수

숫자	기수	서수	간략한 표현
1	one	first	1st
2	two	second	2nd
3	three	third	3rd
4	four	fourth	4th
5	five	**fifth**	5th
6	six	sixth	6th
7	seven	seventh	7th
8	eight	eighth	8th
9	nine	**ninth**	9th
10	ten	tenth	10th

11	eleven	eleventh	11th
12	twelve	**twelfth**	12th
13	thirteen	thirteenth	13th
14	fourteen	fourteenth	14th
15	fifteen	fifteenth	15th
16	sixteen	sixteenth	16th
17	seventeen	seventeenth	17th
18	eighteen	eighteenth	18th
19	nineteen	nineteenth	19th
20	twenty	twentieth	20th
21	twenty one	twenty first	21th
22	twenty two	twenty second	22th
23	twenty three	twenty third	23th
24	twenty four	twenty fourth	24th
25	twenty five	twenty fifth	25th
26	twenty six	twenty sixth	26th
27	twenty seven	twenty seventh	27th
28	twenty eight	twenty eighth	28th
29	twenty nine	twenty ninth	29th
30	thirteen	thirtieth	30th

2) 계절, 월

(1) 계절

Spring, Summer, Fall/Autumn, Winter

(2) 월별

3) 날짜 표현

(1) 연도 읽기

1988	nineteen eighty-eight
1500	fifteen hundred

(2) 월일 읽기

날짜는 서수와 기수를 모두 사용할 수 있어요.

	표기	읽기
7월 15일	15 July	
	15th July	the fifteenth of July
	15th of July	
	July 15	July fifteen
	July 15th	July the fifteenth
12월 25일	December 25th	December twenty-fifth
	25th December	twenty-fifth of December

	February 14th	February fourteenth
2월 14일	14th February	fourteenth of February

깜짝퀴즈 ❓

• 본인의 생일을 적고 영어로 표현해 보세요.

When is your birthday?

• A: _____

4) 시간 읽기

5:15	at five fifteen
	at a quarter past five
	at a quarter after five
7:30	at seven thirty
	at half past seven
	at half after seven
11:45	at eleven forty-five
	at a quarter to twelve
	at a quarter before twelve
11:00	at eleven(o'clock)

5) 전화번호 읽기

숫자를 순서대로 읽으면 됩니다.

010-4712-3489   zero one zero – four seven one two – three four eight nine

깜짝퀴즈 ❓

• 각자의 핸드폰 번호를 적고 영어로 바꿔보세요.

• 핸드폰 번호 _____

• 영어로 바꾸기 _____

6. 시간 전치사(At-In-On)

AT — ON — IN

AT + Specific Time	– I get up at 7 o'clock.
	– The movie starts at 8.30.
AT + Holiday Period	– They sing carlos at Christmas.
	– Come and visit us at Thanksgiving.
ON + Days	– I will visit you on Wednesday.
	– Where were you on Friday?
ON + Dates	– His birthday is on March 27th.
	– The exam is on the 16th.
IN + Months	– My birthday is in January.
	– I'm going on vacation in August.
IN + Dates	– Shakespeare was born in 1564.
	– The Titanic sank in 1912.
IN + the + Decade	– Life was difficult in the 1950s.
	– There were many hippies in the '60s.
IN + the + Century	– We are living in the 21st century.
	– It was built in the sixth century.
IN + Season	– We go to the beach in summer.
	– There are many flowers in spring.
IN + Time Period	– The meeting starts in ten minutes.
	– She will be here in three hours.

Preposition - At - In - On

at 특정시간	in 월, 연, 장시간을 표현	on 요일과 날짜
at 6 o'clock	in the past	on Friday
at 8 am	in the future	on 25 December
at sunrise	in the 1980s	on my birthday
at noon	in September	on New Year's day
at sunset	in spring	on Thanksgiving
at bedtime	in the summer	on Mother's day
at dinnertime		

다이얼로그 1

| 인사 | Restaurant staff: This is Emma Restaurant. |

| 예약받기 | Customer: Hi, I would like to make a dinner reservation for two. |

| 날짜 물어보기 | Restaurant staff: What night will you be coming?
Customer: We will need the reservation for Sunday night. |

| 시간 확인하기 | Restaurant staff: What time would you like?
Customer: 8:30.
Restaurant staff: We don't have anything available at 8:30. Is 7:45 OK?
Customer: Yes, that's fine. |

| 이름받기 | Restaurant staff: Please, just give me your name.
Customer: My name is John Hopkins. |

| 예약확인 대화 종료 | Restaurant staff: Thank you, Mr. Hopkins, see you this Sunday at 7:45.
Customer: Thank you. Bye. |

인사

Restaurant staff: This is Emma Restaurant.

안녕하세요. 엠마 레스토랑입니다.

예약받기

Customer: Hi, I would like to make a dinner reservation for two.

안녕하세요. 저녁에 2명 예약하려고 합니다.

날짜 물어보기

Restaurant staff: What night will you be coming?

날짜가 언제이십니까?

Customer: We will need the reservation for Sunday night.

이번 주 일요일 저녁입니다.

시간 확인하기

Restaurant staff: What time would you like?

몇 시로 예약 하시나요?

Customer: 8:30.

8:30분입니다.

Restaurant staff: We don't have anything available at 8:30. Is 7:45 OK?

8:30분에는 좌석이 없습니다. 7:45분은 어떠신가요?

Customer: Yes, that's fine.
괜찮습니다.

이름받기

Restaurant staff: Please, just give me your name.
성함이 어떻게 되시나요?

Customer: My name is John Hopkins.
존 홉킨스입니다.

예약확인
대화 종료

Restaurant staff: Thank you, Mr. Hopkins, see you this Sunday at 7:45.
감사합니다, 홉킨스씨. 이번 주 일요일 저녁 7:45분에 뵙겠습니다.

Customer: Thank you. Bye.
감사합니다.

다이얼로그 2

| 인사 | Hello, ABC restaurant. Can I help you? |

| 예약받기 | Hi! I'd like to book a table. |

| 날짜
물어보기 | What day and what time would you like to come? |

| 시간
확인하기 | Saturday evening at 6:30 p.m. Will you have any free tables? |

| 인원
확인하기 | Sure. For How many people?
I would like to order a table for a party of five people.
Probably, do you want to book a private dining-room?
That would be great! |

| 흡연석 여부 | Would you like smoking or non-smoking?
Non-smoking, please. |

좌석 지정하기	But can I have a table away from the kitchen and by the window? No, problem, You can change the table if you want.
이름받기	Can I get your name, sir? Mr. Jackson. Is there anything else I can do for you, Mr. Jackson? No.
예약확인	So you have a reservation Saturday night at 6:30 p.m. Okay, Thank you a lot.
인사	Thanks for calling. See you soon.
대화 종료	Have a nice day!

인사	Hello, ABC restaurant. Can I help you? 안녕하세요, ABC 레스토랑입니다. 무엇을 도와드릴까요?
예약받기	Hi! I'd like to book a table. 안녕하세요. 예약 좀 하려고요.
날짜 물어보기	What day and what time would you like to come? 언제 몇 시로 예약하시나요?
시간 확인하기	Saturday evening at 6:30 p.m. Will you have any free tables? 토요일 저녁 6:30분인데, 좌석이 있나요?
인원 확인하기	Sure. For How many people? 물론 있습니다. 몇 분이신가요? I would like to order a table for a party of five people. 5명이 들어갈 수 있는 테이블입니다. Probably, do you want to book a private dining-room? 아마도, 프라이빗 룸을 원하실 거 같네요.

That would be great!

룸이 가능하면 좋겠네요.

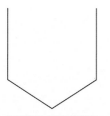

흡연석 여부

Would you like smoking or non-smoking?

금연석과 흡연석 중 어느 쪽이 좋으신가요?

Non-smoking, please.

금연석으로 부탁해요.

**좌석
지정하기**

And can I have a table away from the kitchen and by the window?

그리고 주방에서 떨어진 창가 쪽으로 예약이 되나요?

No, problem, You can change the table if you want.

네 물론입니다. 나중에 바꾸셔도 됩니다.

이름받기

Can I get your name, sir?

성함이 어떻게 되시죠?

Mr. Jackson.

잭슨입니다.

Is there anything else I can do for you, Mr. Jackson?

잭슨씨, 다른 건 더 필요한 게 없으신가요?

No.

없어요.

예약
확인하기

So you have a reservation Saturday night at 6:30 p.m.

그러면 이번주 토요일 저녁 6:30분으로 예약해드렸습니다.

Okay, Thank you a lot.

네, 감사합니다.

인사

Thanks for calling. See you soon.

전화주셔서 감사드리고 조만간 뵙겠습니다.

대화
종료하기

Have a nice day!

좋은 하루 되세요.

다이얼로그 2
영작 연습하기

안녕하세요, ABC 레스토랑입니다. 무엇을 도와드릴까요?

Hello, ABC restaurant. (you, I, help, can, ?)

문장 완성:

안녕하세요. 예약 좀 하려고요.

Hi! (table, like, to, I'd, book, a)

문장 완성:

언제 몇 시로 예약하시나요?

(what, and, what, to, come, would, day, you, time, like, ?)

문장 완성:

토요일 저녁 6:30분입니다. 좌석이 있나요?

Saturday, evening, at, 6:30 p.m. (you, any, will, tables, have, free, ?)

문장 완성:

물론 있습니다. 몇 분이신가요?

Sure. (for, how, people, many, ?)

문장 완성:

5명이 들어갈 수 있는 테이블입니다.

(party, I, five, table, like, to, order, would, a, for, a, of, people)

문장 완성:

아마도, 프라이빗 룸을 원하실 거 같네요.

(private, do, probably, you, book, a, to, want, dining-room, ?)

문장 완성:

룸이 가능하면 좋겠네요!

That would be great!

금연석과 흡연석 중 어느 쪽이 좋으신가요?

(you, would, non-smoking, like, smoking, or, ?)

문장 완성:

금연석으로 부탁해요.

Non-smoking, please.

그리고 주방에서 떨어진 창가 쪽으로 예약이 되나요?

(can, I, have, the kitchen, by, a table, away, window, and, from, and, the, ?)

문장 완성:

네 물론입니다. 나중에 바꾸셔도 됩니다.

No, problem, You can change the table if you want.

성함이 어떻게 되시죠?

(name, I, get, can, your, sir, ?)

문장 완성:

잭슨씨, 다른 건 더 필요한 게 없으신가요?

Mr. Jackson. (can, is, else, there, for, anything, you, I, do, Mr. Jackson, ?)

문장 완성:

없어요.

No.

그러면 이번주 토요일 저녁 6:30분으로 예약해드렸습니다.

(you, reservation, so, have, at, a, 6:30 p.m., Saturday night)

네, 감사합니다.

Okay, Thank you a lot.

전화 주셔서 감사드리고 조만간 뵙겠습니다.

(for, you, calling, thanks, see, soon,)

문장 완성:

좋은 하루 되세요.

Have a nice day!

다이얼로그 3

| 인사 | Good afternoon. Big Apple restaurant.
How may I help you? |

| 예약받기 | I'd like to make a dinner reservation.
Certainly, Ma'am. |

| 날짜
물어보기 | For what date, please?
The 24th of December. |

| 시간
확인하기 | And for what time, Ma'am?
At 7 o'clock, please. |

| 이름받기 | May I have your name, please?
Yes, it's Caroline Shaw. That's C-H-A-W. |

| 일행 수
확인하기 | For how many, Ms. Chaw?
For five, please. |

선호좌석	And also I'd like a table in non-smoking by the window, please.
	Just a minute, Ms. Chaw. I'll see if we have a table.
	I am sorry, Ms Chaw. There are no tables left by the window.
좌석 결정하기	But we have a table close to the entrance. Would you care for that?
	Yes, all right.
예약 확인하기	So that's a table for five, at 7 o'clock, on the 24th of December.
	Could I have a contact number, please?
전화번호 확인하기	Yes, it's 010-235-9738.
마무리	Thank you for calling. We'll expect to seeing you, Ms Chaw.

인사

Good afternoon. Big Apple restaurant.

안녕하세요, 빅애플 레스토랑입니다.

How may I help you?

무엇을 도와드릴까요?

예약받기

I'd like to make a dinner reservation.

저녁을 예약하려고요.

Certainly, Ma'am.

물론입니다, 손님.

**날짜
물어보기**

For what date, please?

어느 날짜에 예약을 원하시나요?

The 24th of December.

12월 24일요.

**시간
확인하기**

And for what time, Ma'am?

손님, 몇 시로 예약하시나요?

At 7 o'clock, please.

7시로 부탁해요.

이름받기	May I have your name, please? 이름을 불러주세요. Yes, it's Caroline Shaw. That's C-H-A-W. 네, 제 이름은 캐롤린 쇼입니다. CHAW로 씁니다.
일행 수 확인	For how many, Ms. Chaw? 몇 분으로 예약할까요? For five, Please. 5명이요.
선호좌석	And also I'd like a table in non-smoking by the window, please. 그리고 창가 옆 금연석으로 예약해주시면 좋겠어요. Just a minute, Ms. Chaw. I'll see if we have a table. 잠시만요. 좌석이 있는지 확인할게요. I am sorry, Ms Chaw. There are no tables left by the window. 죄송합니다. Ms. Chaw씨, 창가 석이 없네요.

좌석 결정하기

But we have a table close to the entrance. Would you care for that?

입구 근처에 좌석이 남아있습니다만, 여기는 어떠신가요?

Yes, all right.

괜찮아요.

예약 확인하기

So that's a table for five, at 7 o'clock, on the 24th of December.

그럼 24일 저녁 7시로 예약하겠습니다.

Could I have a contact number, please?

핸드폰 번호를 알려주세요.

전화번호 확인하기

Yes, it's 010-235-9738.

네, 010-235-9738입니다.

마무리

Thank you for calling. We'll expect to seeing you, Ms Chaw.

전화 주셔서 감사하고요, Ms. Chaw님, 24일에 뵙겠습니다.

안녕하세요, 빅애플 레스토랑입니다. 무엇을 도와드릴까요?

Good afternoon. Big Apple restaurant. (may, help, how, you, I, ?,)

문장 완성:

저녁을 예약하려고요.

(like, dinner, make, reservation, I'd, to, a,)

문장 완성:

Certainly, Ma'am.

물론입니다, 손님.

어느 날짜에 예약하시나요?

(what, please, for, date, ?,)

문장 완성:

The 24th of December.

12월 24일이요.

손님, 몇 시로 예약하시나요?

(time, and, what, for Ma'am, ?,)

문장 완성:

At 7 o'clock, please.

7시로 부탁해요.

이름을 불러주세요.

(I, have, name, your, may, please, ?,)

문장 완성:

Yes, it's Caroline Shaw. That's C-H-A-W.

네, 제 이름은 캐롤린 쇼입니다. CHAW로 씁니다.

For how many, Ms. Chaw?

몇 분으로 예약할까요?

For five, please.

5명이요.

그리고 창가 옆 금연석으로 예약해주시면 좋겠어요.

(please, like, a, table, by, also, in, I'd, non-smoking, and, the, window,)

문장 완성:

잠시만요. 좌석이 있는지 확인할게요.

Just a minute, Ms. Chaw. (if, see, a, we, I'll, have, table,)

문장 완성:

I am sorry, Ms Chaw. (are, by, no, tables, there, window, left, the,)

죄송합니다, Ms Chaw씨. 창가 석이 없네요.

문장 완성:

입구 근처에 좌석이 남아있습니다만, 여기는 어떠신가요?

(the, we, have, but, a, close, entrance, to, table,) (for, you, Would, care, that, ?,)

문장 완성:

Yes, all right.

네, 괜찮아요.

So that's a table for five, at 7 o'clock, on the 24th of December.

그럼 24일 저녁 7시로 예약하겠습니다.

핸드폰 번호를 알려주세요.

(I, number, please, have, a, could, contact,?,)

문장 완성:

Yes, it's 010-235-9738.

네, 010-235-9738입니다.

Thank you for calling. We'll expect to seeing you, Ms Chaw.

전화 주셔서 감사하고요, Ms Chaw님, 24일에 뵙겠습니다.

고객

- I would like to make a dinner reservation for two.
  저녁에 2명 예약하려고 합니다.

- I need to make a dinner reservation.
  저녁 예약하려고 합니다.

- We will need the reservation for Tuesday night.
  화요일 저녁 예약하려고 합니다.

- We will be coming to your restaurant on Tuesday night.
  화요일 저녁 예약하려고 합니다.

직원

- How can I help you, sir?
  무엇을 도와드릴까요?

- For which day?
  어느 날로 예약하시나요?

- What time is the reservation for?
  At what time?
  몇 시로 예약하시나요?

- Could I have your name, please?
  Under what name?
  성함이 어떻게 되시나요?

계속▶

- For how many people?

  몇 분이 오시나요?/일행이 몇 분이신가요?

- I'll check if we have a table.

  좌석이 있는지 확인해 볼게요.

- Could you give me a contact number, please?

  연락처를 불러주세요.

- We look forward to seeing you on the fourteenth.

  14일에 뵙겠습니다.

직원

- We will have a table for you.

  좌석이 있습니다.

- I can seat you at 7.30 on Tuesday, if you would kindly give me your name.

  화요일 저녁 7:30분으로 예약해드렸고요, 성함이 어떻게 되시나요?

- We don't have anything available at 8.30. Is 7.30 OK?

  8:30분은 예약이 꽉 찼고 7:30이 가능합니다만, 괜찮으신가요?

- I have a table for four available at 7.45. Please, just give me your name.

  7:45분에 4명 좌석이 가능합니다. 성함이 어떻게 되시나요?

CAFE ENGLISH

3장. 손님맞이 및 좌석 안내하기
Welcoming and seating the guests

손님맞이 및 좌석 안내하기
Welcoming and seating the guests

학습목표

- 손님맞이 절차를 학습하고 적용할 수 있다.
- 각종 인사법에 대해 학습하고 사용할 수 있다.
- 손님을 맞이하고 안내하는 서비스 프로세스를 학습하고 적용할 수 있다.

서비스의 가장 기본은 인사에서부터 시작된다고 볼 수 있습니다. 따뜻하고 반갑게 맞이하는 인사는 해당 업장의 인상을 결정하는 중요한 순간이 되므로 멋있는 영어를 구사하는 것보다는 간단하더라도 진심을 담아 손님을 맞이하는 마음가짐을 갖도록 노력해봅시다.

1. 인사의 종류

카페나 레스토랑에서 고객을 반갑게 맞이하는 사람을 호스테스 Hostess 또는 메트로디 Maitre D'라고 부릅니다. 고객에게 아침인사(Good Morning), 점심인사(Good Afternoon), 저녁인사(Good Evening)를 시간대에 맞춰 반갑게 맞이합니다. 예약한 손님의 성을 알고 있다면 다음과 같이 사용하는 것을 권장합니다.

예 Good evening, Mr. Tom. How are you?

1) 환영 인사

정중한 인사	캐주얼 한 인사
Hello! Good morning. Good afternoon. Good evening. Welcome! How are you this morning? How are you this afternoon? How are you this evening?	Hi! Hey!
How do you do? How are you?	How's it going? How are thing?
Nice to meet you. It's nice to meet you. Good to see you. It's a pleasure to meet you. It's an honor to meet you.	Howdy! How are ya? What's up? What's new? What's going on? long time no see!

2) 헤어질 때 인사

Goodbye

• Bye	• I'm off	• Take it easy
• Goodbye	• Gotta go!	• I gotta take off
• Bye-bye	• Good night	• See you soon
• Farewell	• Bye for now	• Talk to you later
• See you	• See you later	• See you next time
• I'm out	• Keep in touch	• Have a good one
• Take care	• Catch you later	• Have a good (nice) day

3) 즐거운 식사를 위한 인사

- BON APPETIT!

- Enjoy your meal!

- Enjoy your breakfast!   맛있게 드세요!

- Enjoy your lunch!

- Enjoy your dinner!

- Have a good meal!

- I hope you have a pleasant meal!

4) '천만에'를 표현할 때

**Ways to Say
You are Welcome**

- No problem.
- Of course.
- It was nothing.
- No worries.
- Sure.
- Sure thing.
- It's okay.
- You're welcome.
- Don't mention it.
- You got it.
- Glad to help.
- Anytime.

- That's all right.
- Never mention.
- Glad to have helped.
- Not a problem.
- I'm happy to help you.
- It's my duty.
- That's absolutely fine.
- Certainly.
- Cool.
- My pleasure.
- Not at all.
- Glad to be of any assistance.

2. 안내 서비스

레스토랑 입구 안내데스크에서 다음의 3단계를 기억하고 손님을 맞이한다면 좋은 서비스를 제공할 수 있습니다. 다만 캐주얼 레스토랑에서는 중간 절차가 생략되기도 하므로 필요에 따라 응용하면 됩니다.

첫째, 방문한 고객에게 인사와 예약 여부를 확인합니다. 예약이 되어 있으면 이름과 좌석을 확인하고 안내합니다. 예약이 되어 있지 않다면 만석 여부를 확인하고 좌석을 배정한 뒤 안내합니다. 둘째, 일행이 몇 명인지 묻고 좌석의 준비 상태를 확인합니다. 셋째, 좌석까지 안내합니다. 해당 테이블을 담당하는 웨이터나 웨이트리스가 주문받으러 올 것을 안내하고 즐겁게 식사하라는 인사를 남길 수 있습니다.

● **1단계: 인사 및 예약 여부 확인**

How can I help you, sir?

What time is the reservation for?

● **2단계: 일행 수 확인**

How many guests will there in your party?

● **3단계: 좌석 안내 및 담당자 안내**

Thank you for joining us.

Your server Jenny will take great care of you.

Enjoy your visit.

Your server will be with you shortly.

예문 [화장실 안내]

A: Excuse me. I'm looking for the men's room. Is there one around here?
B: Yes, sir. Go straight down the hall and turn left. It's just around the corner.

A: Where can I wash my hands?
B: It's next to the front desk.

*bring과 take의 차이

BRING	TAKE
carry	carry
(movement towards the speaker)	(movement away from the speaker)
to justice	a bath
back to life	breath away
to senses	the cake
to a boil	care of
to a standstill	charge
to a close	for granted
to life	notice of
to light	time
to trial	place
out the best in	sides
together	stock

*party

'party'는 우리가 흔히 알고 있는 사람들을 초대해 함께 음식을 먹고 즐기는 행사나 모임이라는 뜻 외에 일행, 단체 또는 정당을 표현하기도 합니다. 위에 문장에서 'your party'라고 한 것은 일행을 말합니다.

· your party 일행
· the republican 공화당
· the democratic 민주당

다이얼로그 1

Welcome to Sunny restaurant. What can I help you?

서니 레스토랑에 오신 것을 환영합니다. 무엇을 도와드릴까요?

A table for two please.

2명 좌석 부탁합니다.

Yes, we have one last table for two. Please follow me.

2명 좌석이 딱 한 테이블 남았네요. 이쪽으로 오세요.

Thank you.

감사합니다.

다이얼로그 2

Waiter: Good evening. Welcome to Emma Restaurant.
안녕하세요. 엠마 레스토랑입니다.

John: I booked a table for two for 7:45 under the name of John Thomas.
7:45분에 존 토마스라는 이름으로 예약을 했습니다.

Waiter: Yes, Mr. Thomas. Please come this way.
네, 토마스씨. 안내해 드리겠습니다.

Waiter: Here is your table.
이 자리입니다.

John: Thanks for your help!
감사합니다.

다이얼로그 3

Do you have a table reservation?

예약하셨나요?

Yes, I have a reservation.

네, 예약했습니다.

예약한 경우

May I have your name, please?

성함이 어떻게 되시나요?

It's Justin Timber.

저스틴 팀버입니다.

This way Mr. Timber.

팀버씨 이쪽으로 따라 오십시오.

Hello, How can I help you?

안녕하세요, 무엇을 도와드릴까요?

예약하지 않은 상황 1

Hi, there! I would like a table for two, please.

안녕하세요, 2명 좌석 부탁합니다.

No problem. Pleas follow me to the seating area!

네, 저를 따라오세요.

계속▶

Here is your table.

이 테이블입니다.

Great, thank you.

좋군요, 고마워요.

Good Evening, Sir.

안녕하십니까?

Hello, Good evening.

안녕하세요.

Do you have a table reservation?

예약하셨나요?

예약하지
않은 상황 2 No, actually I don't have a reservation.

아니요, 예약은 안했습니다.

That is alright. May I have your name, please?

괜찮습니다. 성함이 어떻게 되시나요?

My name is Justin Timber.

저스틴 팀버입니다.

Would you prefer the smoking or non-smoking seat?

흡연석과 금연석 어느 쪽을 선호하시나요?

계속 ▶

Non-smoking, of course.
금연석으로 부탁합니다.

Mr. Timber, follow me, please!
팀버씨, 저를 따라오시죠.

Is this table fine?
이 테이블인데 괜찮으실까요?

Yes, it is. Thank you.
네, 감사합니다.

Enjoy your meal, Mr. Timber. Your server will be with you shortly.
팀버씨, 식사 맛있게 하세요. 테이블 담당자가 곧 주문받으러 올거에요.

문장 패턴

직원

- Have you got a reservation, Sir?
  손님, 예약하셨나요?

- Let me show you to your table.
  자리로 안내해 드릴게요.

- Could you follow me, please?
  저를 따라오시겠어요?

- Let me help you, madam.
  제가 도와드릴게요.

- Yes, There is a table available.
  네, 좌석 있습니다.

- Would you like to leave your coats here?
  코트는 여기에 맡겨 두시겠어요?

- I hope you don't mind waiting a few minutes.
  잠시만 기다려주세요.

- Could you please wait a few minutes?
  잠시만 기다려주세요.

- Of course. Please come this way.
  물론입니다. 이쪽으로 따라오시죠.

계속▶

- Your table isn't quite ready yet.

  테이블 준비가 덜 되었어요.

- Would you like to wait in the bar?

  바에서 잠시 기다리시겠어요?

- We're fully booked at the moment. Could you come back a bit later?

  만석이네요, 잠시 후에 다시 오시겠어요?

- If you wait, there'll be a table for you in a minute.

  잠시 기다리시면 금방 테이블 정리해 드릴게요.

- Would you follow me, please?

  저를 따라오세요.

- If you would please be seated over in the waiting area, our hostess will

  be with you in a moment.

  대기석에서 잠시 기다리시면, 호스테스가 자리 안내 해줄거에요.

- I booked a table for two for 7pm under the name of John Thomas.

  존 토마스라는 이름으로 7시에 2명 예약 했어요.

- A table for two, please.

  2명 좌석 있나요?

계속 ▶

- May we sit at this table?

  이 테이블에 앉아도 될까요?

- We have a dinner reservation for four at 7:30.

  7:30분에 4명 예약 했습니다.

- Our reservation is under the name of Jenny at 7:30 for eight people.

  7:30분에 8명 제니이름으로 예약 했어요.

CAFE ENGLISH

4장. 메뉴판 읽기
Reading menu

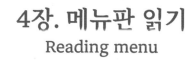

4장 메뉴판 읽기Reading menu

학습목표

- 메뉴의 종류를 학습하고 차이점을 설명할 수 있다.
- 국가별 유명한 메뉴의 명칭에 대해 학습하고 특징을 설명할 수 있다.
- 전치사 with에 대해 학습하고 사용할 수 있다.

메뉴는 고객과 소통하는 중요한 도구로서 서비스 종사원은 자신이 속한 업장에서 판매하는 메뉴를 알고 있어야 하며, 고객에 요청에 따라 조리법에 대해 설명도 가능하도록 서비스 전에 메뉴에 대해 충분히 숙지해야 합니다.

1. 디저트

디저트 메뉴는 주로 일반명사 또는 고유명사로 불리는 경우가 대부분이라 인기 있는 메뉴 이름을 암기해 두면 이해하기가 쉽습니다.

1) 디저트 메뉴

(1) 일반명사

chocolate cake   초콜릿 케이크

(2) 브랜드 이름을 넣는 경우

'발로나 초콜릿' 무스케이크   Valrhona chocolate mousse cake

'발로나'는 유명 초콜릿 회사의 이름입니다.

(3) '~을 곁들인'을 표현할 때는 전치사 with를 사용해서 부연 설명

바닐라 아이스크림을 곁들인   with vanilla ice cream

바닐라 아이스크림을 곁들인   a chocolate cake with vanilla ice cream

  초콜릿 케이크

2) 디저트 메뉴판

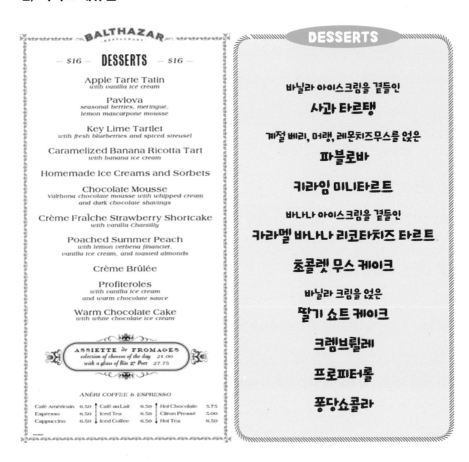

3) 알아두면 쓸 데 있는 세계 각국의 유명한 디저트

국가	디저트 이름	
프랑스	Creme brulee	크렘 브륄레
	Chocolate mousse	초콜릿 무스
	Charlotte	샤를로뜨
	Choux	슈크림
	Macaron	마카롱

국가	디저트 이름	
	Galette	갈레뜨
	Ecláir	에끌레어
	Madeleine	마들렌
영국	Trifle	트라이플 케이크
미국	Apple pie	애플파이
	Brownie	브라우니
	New York Cheesecake	뉴욕 치즈케이크
	Chocolate chip cookie	초코칩 쿠키
터키	Baklava	바클라바
호주	Pavlova	파블로바
독일	Black Forest Cake	블랙 포레스트 케이크
이탈리아	Tiramisu	티라미수
	Cannoli	까놀리(시실리)
	Gelato	젤라토
	Panna cotta	파나코타
스페인	Churros	츄러스
남미	Flan	플란
일본	Souffle cheesecake	수플레치즈케이크
	Strawberry short cake	딸기쇼트 케이크
오스트리아	Linzer Torte	리저토르테
	Sacher Torte	자허토르테
한국	Yakgwa	약과

2. 카페 음료메뉴(Coffee & drink menu)

Espresso	에스프레소
Americano	아메리카노
Caffe Latte	카페라떼
Cappuccino	카푸치노
Cafe au lait	카페오레
Iced coffee	아이스커피
Decaf(decaffeinated)	디카페인
Whipped cream	휘핑크림
Half&half	해프앤해프(우유 반, 생크림 반)
Soy milk	두유
Almond milk	아몬드 우유
Steamed milk	따끈하게 데운 우유
Vanilla syrup	바닐라 시럽
Tea(hot/iced)	차
Herbal tea	허브 차
Earl Grey	얼 그레이
Chamomile	캐모마일
Green tea	녹차
Hot chocolate	핫초코
Blood Mary	블러드메리
Mimosa	미모사
Smoothie	과일에 주스나 물을 넣고 갈은 음료
Orange Juice	오렌지 주스(OJ라고 줄여 부름)

- 여러분이 좋아하는 허브티의 이름을 적어보세요.

  _____

- 아래 그림을 보고 카페라떼와 아메리카노의 차이를 적어보세요.

  _____

예문

How do you like your coffee?

How would you like your coffee?

        I like my coffee black.

        I like two sugars and no cream, please.

        I like one cream and sugar, please.

3. 레스토랑 메뉴

1) 조식(Breakfast)

(1) 조식의 종류

- 미국식 조찬(American breakfast)은 주스, 빵, 계란 요리, 햄/소시지/베이컨 중 선택하고 커피 또는 차로 구성된 메뉴입니다.
- 영국식 조찬(English breakfast)은 잘 차려서 먹는 아침 식사로 주스, 빵, 달걀, 햄류, 콩, 커피나 차로 구성이 되어 먹고 나면 든든하지만 다소 부담스러운 식사입니다.
- 대륙식 조찬(continental breakfast)는 간편하게 먹는 식사로 계란 요리가 없고 커피와 빵, 주스로 구성된 메뉴입니다.

(2) 조식의 종류와 메뉴 구성

Types of Breakfast	
American breakfast	A choice of juices toasts eggs ham, bacon or sausages coffee or tea
English breakfast (Heavy)	bacon, sausage, eggs, tomatoes, mushrooms, baked beans, toast coffee or tea
Continental breakfast (Light)	bread, toast, butter, jam, cereal coffee or fruit juice

(3) 달걀 요리

조식 메뉴는 달걀로 요리한 메뉴가 많아 각각 메뉴에 따른 조리법을 학습할 필요가 있어요. 다음 메뉴를 구글에서 찾아 이미지를 검색해보세요.

Eggs menu	
Soft-boiled egg	반숙
Hard-boiled egg	완숙
Poached eggs	수란
Eggs benedict	에그 베네딕트(잉글리시 머핀에 햄, 베이컨과 수란, 홀랜다이즈 소스를 얹은 요리)
Eggs Norwegian	에그 노르웨지안(에그 베네딕트에 훈제 연어와 캐나다 베이컨추가)
Egg Florentine	에그 플로렌틴(에그 베네딕트에 시금치 추가)
Quiche	키쉬
Omelette	오믈렛

예문

How would your like your eggs?　달걀은 어떻게 드시겠어요?

I'll have a fried egg.　후라이로 주세요.
　　　　a sunny side up.　후라이로 주세요.
　　　　an over easy.　한번 뒤집어 주세요.
　　　　a scrambled egg.　스크램블 에그로 주세요.
　　　　an omelet.　오믈렛으로 할게요.

(4) 조식 빵의 종류

Breakfast bread(조식에 자주 등장하는 빵)

toast	식빵 슬라이스 한 것을 구운 것
morning roll	모닝롤
white bread	흰 빵
whole wheat bread	통밀 빵
brioche	브리오슈(달걀과 버터가 많이 들어간 빵)
English muffin	잉글리시 머핀(에그 베네딕트에 사용하는 빵)
croissant	크로아상
biscuit	비스킷
scone	스콘
bagel	베이글
danish	데니시 페이스트리
pancake	팬케이크
French toast	프렌치 토스트
waffle	와플

LE PETIT DEJEUNER

Weekdays 8:00 a.m. — 11:00 a.m.

SOFT-BOILED EGG*
with Parmesan and multigrain "soldiers" and a caperberry relish 8.00

STEEL-CUT IRISH OATMEAL
with poached fruits and maple crème fraîche 14.00

SMOKED SALMON TARTINE
with dill crème fraîche and marinated cucumbers on pan de seigle 27.00

EGGS BENEDICT* *poached eggs, Canadian bacon and*
Hollandaise with homefries or salad . . . . 19.00 / 29.00

EGGS NORWEGIAN* *poached eggs with smoked salmon and*
Hollandaise on an English muffin with homefries or salad . . . . 21.00 / 31.00

EGGS FLORENTINE* *poached eggs with spinach and Hollandaise* 26.00

ROASTED PEPPER AND CARAMELIZED ONION QUICHE
with Gruyère cheese and mixed greens 19.00

AVOCADO AND POACHED EGGS ON TOAST*
with tomato-jalapeño salsa 26.00

EGGS IN PURGATORY*
baked eggs, tomato ragoût, chorizo, and crispy polenta 27.00

OMELETTE WITH HERBS*
and Gruyère or Cheddar cheese, with homefries or salad 25.00

EGG-WHITE OMELETTE* *with homefries or salad* 27.00

BALTHAZAR EGG SANDWICH
two eggs, smoked bacon, Cheddar, grilled onions and avocado on a brioche bun . 24.00

BELGIAN WAFFLES *with warm berries* 23.00

BRIOCHE FRENCH TOAST
with citrus, Tahitian vanilla, and smoked bacon 24.00

BUCKWHEAT CRÊPE *sunny-side egg, ham, and Gruyère* 25.00

TOASTED BAGEL *with smoked salmon and cream cheese* 19.00

HOMEMADE GRANOLA *with fresh fruit and yogurt* 18.00

EGGS ANY STYLE WITH HOMEFRIES & TOAST* 20.00

FRUIT PLATE 17.00

HAM AND CHEESE CROISSANT *with mixed greens* 16.00

· Gluten-Free Options Available ·

BALTHAZAR GREEN JUICE
13.00
Fresh pressed kale,
collard greens,
apple, lemon, papaya,
cucumber, parsley,
basil, celery, and orange

FULL ENGLISH BREAKFAST*
29.00
TWO EGGS, BACON,
BEANS, SAUSAGE,
MUSHROOMS, TOMATOES,
AND FRIED BREAD

SIDES

Fried Tomatoes 7.00	Canadian Bacon 8.25
Fruit 7.00	Smoked Salmon 13.00
Fresh Berries 7.00	Toast 5.00
Cumberland Breakfast Sausage 8.25	English Muffin 5.00
Applewood Smoked Bacon 8.25	Plain Bagel 6.00
	Gluten-Free Bread 5.00

*Eating raw or undercooked fish, shellfish, eggs or meat increases the risk of foodborne illnesses.
* kindly refrain from using cellular phones when dining at Balthazar except for occasional and necessary short conversations *

출처: https://balthazarny.com

How would you like your toast?

토스트 식빵은 어떻게 드시겠어요?

How about the bread?

빵은 어떤 것으로 하시겠어요?

Would you like your bread toasted?

식빵을 구워 드릴까요?

2) 브런치 메뉴(Brunch Menu)

브런치 메뉴는 조식 메뉴와 겹치는 아이템이 많고 대다수의 레스토랑에서는
Breakfast & Brunch로 메뉴판을 통합하여 사용합니다.

대표적인 브런치 메뉴

프렌치 토스트(French Toast)	와플(Waffle)
팬케이크(Pancakes)	부리또(Burrito)
크로크 몬수이에(Croque monsieur)	크로크 마담(croque madame)

깜짝 퀴즈 ?

• 크로크 몬수이에와 크로크 마담의 차이점을 찾아서 적어보세요.

---

3) 포멀 다이닝 메뉴(Formal Dining Menu)

정찬 저녁의 경우 기본적인 메뉴는 다음과 같이 제공됩니다. 순서는 찬 애피
타이저 – 스프 – 생선 또는 갑각류 음식 – 앙트레(메인요리) – 샐러드 – 치즈
– 디저트 – 과일 – 커피 순입니다. 소르베는 각 음식 사이에 입안을 개운하

게 해 주는 용도로 제공되기도 합니다. 또한 정찬 메뉴를 간소화하여 제공하기도 합니다.

Formal Dinner Courses

1. Cold hors d'ocurve
2. Soup
3. Fish or Seafood Dish
4. Entrée
5. Cold dish or salad
6. Cheese
7. Fruit
8. Coffee

*러시안 서비스(Russian service)란?

과거 유럽에서는 음식을 한 상에 차려 놓고 먹었습니다. 그런데 난방시설이 부족했던 러시아는 날씨가 너무 추워서 음식을 한 상에 차려놓고 먹으면 금방 식어버리는 단점이 있었습니다. 그래서 1810년 러시아 대사가 음식을 하나씩 서비스하는 방식을 고안했고, 이 서비스 방식이 이후 프랑스에 전해지면서 러시안 서비스라 불리며 오늘날 서양식 서비스의 기초가 되었습니다.

Menu

STARTERS

Spring Rolls
French Onion Soup
Tomato Bruschetta
Caesar Salad

SIDE DISHES

Mixed Green Salad
Garden Vegetables
French Fries
Garlic Bread

MAIN COURSE

Grilled Salmon with Dill Sauce
Roast Beef with Vegetables
Chicken and Mushroom Pie
Marrakesh Vegetarian Curry
Eggplant Lasagne

Dessert

Apple Pie with Cream
Lemon Meringue Pie
Vanilla Ice Cream
Cre´pe Suzette
Fruit Salad

4. 기본적인 조리법(cooking method)

boiling

Food is cooked in deep boiling liquid[water, stock, wine etc.] in an open or covered saucepan.

simmering

Like boiling, but the liquid is kept just below boiling point in an uncovered pot.

steaming

Food is placed on a container and cooked in the stream from boiling water in a covered pan or steamer.

stewing

Cooking food in its own juices with a little additional liquid, in a covered pan, at simmering point.

braising

Pieces of food are first browned in a little fat, then cooked with some liquid in a closed pan.

deep-frying

Frying pieces of food in a deep pot or fryer with plenty of hot oil or fat.

pan-frying

Frying food in a little oil or butter using a frying pan over moderate heat.

broiling/grilling

Cooking food like steak or fish, over or under open heat, e.g. under the oven grill, or an a barbecue or hot place.

roasting

Cooking food like meat or poultry with some fat in a hot oven [between 200 · 240 degrees centigrade].

baking

Cooking food like cakes, pies, bread etc. in a closed oven at a temperature of between 120 · 240℃

sautéing

Cooking small or thin pieces of food in a little very hot oil or fat. The frying pan is shaken constantly to stop the food from burning.

flambéing

After frying, alcohol is added to the food in the frying pan and set on fire. This gives added flavour to the food.

출처: English for Restaurant workers

5. 소스(Sauce)와 드레싱(Dressing)

1) 서양의 대표 5대 소스

서양요리의 5대 모체 소스는 베샤멜, 벨루테, 에스파뇰, 홀랜다이즈, 토마토 소스입니다. 이 소스를 기반으로 현대 서양요리의 모든 소스가 파생되었습니다.

모체소스	모체소르를 활용한 음식
Bechamel(베샤멜)	크림스프, 라자냐
Veloute(벨루테)	닭고기, 흰살 생선에 사용
Espagnole(에스파뇰)	스테이크 데미글라스 소스
Hollandise(홀랜다이즈)	에그 베네딕트
Tomato(토마토)	파스타 마라나라 소스

2) 서양의 대표 드레싱

대표적인 드레싱 이름도 함께 살펴볼게요. 드레싱은 오일과 식초(3 : 1)를 일정한 비율로 섞은 것으로 샐러드에 뿌려 먹습니다. 소스와 드레싱의 차이점은 소스는 접시 바닥에 뿌리거나 까는 것이고, 드레싱은 샐러드 위에 뿌려서 먹는 점에서 다릅니다.

꼭 기억해야할 드레싱 리스트

Balsamic vinaigrette	발사믹 비네그레트
Blue cheese dressing	블루치즈 드레싱
Caesar	시저드레싱
French dressing	프렌치 드레싱
Honey mustard dressing	허니 머스터드 드레싱
Italian dressing	이탈리안 드레싱
Ranch dressing	랜치 드레싱
Russian dressing	러시안 드레싱
Thousand Island	싸운전드 아일랜드 드레싱
Vinaigrette	비네그레트

깜짝 퀴즈?

각 드레싱에 사용하는 재료를 찾아 적어보세요.

드레싱 이름	재료 구성
Balsamic vinaigrette	발사믹 식초, 오일, 소금, 후추
Blue cheese dressing	
Caesar	
French dressing	
Honey mustard	
Italian dressing	
Ranch dressing	
Russian dressing	
Thousand Island	
Vinaigrette	

6. 스프

1) 스프의 종류

스프의 종류

Thin soup (맑은 스프)	Clear soup
	Broth
	Consomme
	Chunky
Thick soup (걸쭉한 스프)	Cream soup
	Veloute
	Puree
	Chowder
	Potage
	Bisque
Cold soup (차가운 스프)	Gazpacho
	Vichyssoise

2) 국가별 유명 스프

Bisque	비스크, 프랑스
Minetrone	미네스트로네, 이탈리아
Laksa	말레이시아, 싱가폴
Gazpacho	가스파쵸, 스페인
Tom Yum	똠얌, 태국
New England clam chowder	뉴잉글랜드 클램 차우더, 미국
Goulash	굴라시, 헝가리
Tortilla soup	토티야 스프, 멕시코
Wonton	완탕, 중국

7. 국가별 유명 요리

국가별 유명 요리

미국	Hamburger	햄버거
영국	Fish and chips	피시앤칩스
이탈리아	Pizza Pasta	피자 파스타
독일	Schweinshaxe	슈바인스학세
스페인	Paella	빠에야
프랑스	Bouillabaisse Ratatouille	부야베스 라따뚜이
멕시코	Taco	타코
헝가리	Goulash	굴라시
베트남	Pho	쌀국수
그리스	Gyros	자이로스
인도	Tandori chicken curry	탄두리치킨 커리
일본	sushi	스시
터키	Kebab	케밥
필리핀	Adobo	아도보
모로코	Couscous	쿠스쿠스
중국	Dumplings	만두
스위스	La Fondue	퐁듀
태국	Tom Yang Goong Pad Thai	똠양꿍 팟타이
한국	Bibimbap	비빔밥

CAFE ENGLISH

CAFE ENGLISH

5장. 메뉴판 제공하기
Presenting menu to guests

메뉴판 제공하기
Presenting menu to guests

- 메뉴판을 제시할 수 있다.
- 메뉴를 추천할 수 있다.
- 특이한 요청사항을 확인할 수 있다

레스토랑이나 카페 등은 손님에게 맛있는 음식과 서비스를 제공하면서 이익을 내려는 것에 목적이 있습니다. 따라서 일반 고객뿐만 아니라 특별 식을 원하는 고객에게 메뉴를 소개하고 설명할 수 있어야 합니다. 서비 스는 단순히 음식을 전달하는 것이 아닌 질 높은 서비스를 제공하는 전 문영역입니다.

1. 메뉴판 제시하기

다이얼로그 1

환영인사	Welcome to Sunny restaurant.
점원 자신소개	My name is Michelle. I'll be serving your table this evening.
메뉴판 전달	Excuse me. Can I get the menu, please? Yes, of course. Please wait one moment. Here is your menu. Thank you.
음료 주문받기	Can I get you anything to drink? Water is fine for me. I'll have a coke, please. Sure.

계속▶

| 메뉴 추천 | May I recommend the Chef's special? Today we have a special set menu. I'll come back in a few minutes to take your order. Alright, Thanks you. |

| 주문받기 | Are you ready to order? Yes, we are. I'd like the grilled chicken with mashed potatoes, please. For starter, I'd like mushroom soup. For the main course, I'd like spaghetti with salad, please. |

다이얼로그 1
해석하기

환영인사

Waiter: Welcome to Sunny restaurant.

어서오세요. 서니레스토랑입니다.

점원 자신소개

My name is Michelle. I'll be serving your table this evening.

제 이름은 미쉘이고 오늘 저녁 여러분의 테이블 서비스 담당입니다.

메뉴판 전달

Excuse me. Can I get the menu, please?

실례합니다. 메뉴판 부탁드려요.

Yes, of course. Please wait one moment.

네, 잠시만요.

Here is your menu.

여기 있습니다.

Thank you.

고마워요.

계속 ▶

음료 주문받기

Can I get you anything to drink?

음료는 뭘로 하시겠어요?

Water is fine for me.

물이면 됩니다.

I'll have a coke, please.

저는 콜라 주세요.

Sure.

네

메뉴 추천

May I recommend the Chef's special? Today we have a special set menu. I'll come back in a few minutes to take your order.

오늘 특별한 세트 메뉴가 있어요. 쉐프 스페셜을 추천해도 될까요? 잠시 후에 주문받으러 올게요.

Alright, Thanks you.

네, 고마워요.

주문받기

Are you ready to order?

주문하시겠어요?

계속 ▶

주문받기	Yes, we are. I'd like the grilled chicken with mashed potatoes, please. 네, 그릴에 구운 닭고기하고 감자 으깬 거 주세요. For starter, I'd like mushroom soup. For the main course, I'd like spaghetti with salad, please. 애피타이저로는 양송이 스프로 주시고요. 메인으로는 샐러드 곁들인 스파게티로 주세요.

문장 패턴

메뉴판 요청	• Could you bring us the menu, please? • Can I see the dessert menu please? • The menu, please. • What's on the menu? • Do you have a set menu?
거절	• No, thanks. I am full after the meal.
메뉴 추천	• Do you have any recommendation?
요청	• Could you bring us the salt, please? • Could you bring us the pepper, please? • Could you bring us the ketchup, please? • Could you bring us the vinegar, please?
메뉴 주문	• I'll have the soup as a starter. • May I get an order of barbeque wings? • I would like to order my food now. • We'd like to order a cheeseburger and some fries. • We'll have the chicken with vegetables and the vegetable pasta, please. • I'll have the steak for the main course.

계속 ▶

음료 주문	• May I have some water, please?
	• May I get a glass of lemonade?
	• I would like a Coke.
	• Water is fine.
	• Just some water, please.
	• Let's have four coffees, please.
	• We would like two coffees and two teas.
메뉴가 동났을 때	• I don't think we have anymore steak left. I'll check with the kitchen.
	• I'm sorry, but the king lobster soup is finished.
	• Sorry, the hamburgers are off.

Could you bring us the menu, please?	메뉴판 좀 주세요.
Can I see the dessert menu please?	디저트 메뉴판 있나요?
The menu, please.	메뉴판 부탁해요.
What's on the menu?	어떤 메뉴가 있나요?
Do you have a set menu?	세트 메뉴 있나요?

No, thanks. I am full after the meal.	아니요 괜찮습니다. 배가 너무 불러요.

Do you have any recommendation?	무엇을 추천하시나요?

Could you bring us the salt, please?	소금 가져다 주세요.
Could you bring us the pepper, please?	후추 가져다 주세요.
Could you bring us the ketchup, please?	케첩 좀 주세요.
Could you bring us the vinegar, please?	식초 좀 주세요.

I'll have the soup as a starter.	스프로 시작할게요.
May I get an order of barbeque wings?	바비큐윙으로 주세요.
I would like to order my food now.	주문할게요.
We'd like to order a cheeseburger and some fries.	치즈버거랑 감자튀김으로 할게요.
We'll have the chicken with vegetables and the vegetable pasta, please.	채소 곁들인 닭고기랑 야채 파스타로 주세요.
I'll have the steak for the main course.	메인은 스테이크로 할게요.

계속 ▶

May I have some water, please?	물 좀 주세요.
May I get a glass of lemonade?	레모네이드 한 잔 주세요.
I would like a Coke.	콜라로 할게요.
Water is fine.	물 마실게요.
Just some water, please.	물이면 되요.
Let's have four coffees, please.	커피 4잔 부탁해요.
We would like two coffees and two teas.	커피 2잔이랑 차 2개 주문할게요.

I don't think we have anymore steak left. I'll check with the kitchen.	스테이크가 다 팔렸어요. 주방에 확인해 볼게요.
I'm sorry, but the king lobster soup is finished.	죄송한데 랍스터가 다 떨어졌어요.
Sorry, the hamburgers are off.	죄송합니다. 햄버거가 다 팔렸어요.

문장 패턴
메뉴 질문받기 Asking about the menu

샐러드와 같이 나오나요?

Is this served with salad?

이 메뉴에 해산물 들어가나요?

Does this have any seafood in it?

스프에 새우 들어가나요?

Is that shrimp in the soup?

이거 클램차우더 스프 맞나요?

Is the soup a clam chowder soup?

이 닭고기 요리에 뭐가 들어가나요?

What is in this chicken dish?

정확하게 00이 뭔가요?

"What's … exactly?"

이 메뉴랑 함께 나오는 건 뭔가요?

"Is this served with … (salad)?"

해산물이 혹시 들어가나요?

"Does this have any … (seafood) in it?"

추천할 메뉴는 뭔가요?

What do you recommend?

추천해주실 메뉴는 없나요?

Is there anything you recommend?

이 메뉴에 뭐가 들어 있나요?

What's in the... (name of plate)?

이 00음식은 어떤 조리법을 사용하죠?

How's the (name of plate) prepared?

이 00음식 맵나요?

Is the (name of plate) spicy?

이 생선 음식에 00빼고 요리해줄 수 있나요?

May I have the (name of plate) with/without the (ingredient).

스테이크와 함께 00메뉴도 함께 주세요.

May I have the (name of plate) with a side of...?

2. 메뉴 추천하기

문장 패턴

What would you like for breakfast?

메뉴 주문하시겠어요?

What do you recommend?

추천 메뉴가 있나요?

I recommend our pancakes. Everybody says it's delicious.

먹어본 사람들에 의하면 팬케이크가 맛있다고 합니다.

Sounds good.

맛있겠네요.

Please give me an order of pancakes.

팬케이크로 주세요.

I recommend our toast.

토스트를 추천합니다.

Please give me an order of toast.

그럼 토스트로 주세요.

계속 ▶

I recommend our soup. Everybody says it's magnificent.

스프를 추천합니다. 모두들 극찬하거든요.

Please give me a bowl of soup.

그럼 스프로 할게요.

I recommend our cereal. Everybody says it's excellent.

시리얼 추천합니다. 드셔보신 분들이 다들 그렇게 말해요.

Please give me a bowl of cereal.

그럼 시리얼로 주세요.

3. 특이한 요청사항

다이얼로그 2
특이식단에 대한 고객의 요청

채식주의자	I'm vegetarian. What types of vegetarian dishes do you offer? 채식주의자인데요. 채식주의자가 먹을 수 있는 게 있나요?
푸드 알러지	I'm allergic to···. Do you have any dishes without··· 00에 알러지가 있어요. 00빼고 만들어 주실 수 있나요?
글루텐병 (셀리악)	Is a gluten free menu available? (Gluten-free options are becoming more and more common in the United States). 글루텐프리 메뉴가 가능할까요?
기타	With whipped cream/no whipped cream (common request at Starbucks, for example) 크림 넣어주세요./크림 빼주세요.

계속 ▶

	Please leave room for cream.
	크림 넣을 공간은 남겨주세요.
기타	Hold the onions.
	양파는 빼주세요.
	Hold the garlic.
	마늘은 빼주세요.

*채식주의자의 종류

국어사전에 따르면 '채식주의란 고기류를 피하고 채소, 과일, 해초 따위의 식물성 음식만을 섭취하는 식생활이 좋다고 생각하는 태도'로 나와 있습니다. 섭취가 가능한 단백질의 종류에 따라 채식주의에도 여러 단계가 있습니다. 그림에서 보듯이 비건은 철저하게 채식 위주의 생활을 하는 사람들을 말합니다.

채색주의의 종류

비건						
락토 베지터리언						
오보 베지터리언						
락토 오보 베지터리언						
페스코 베지터리언						
폴로 베지터리언						
플랙시터리언						

CAFE ENGLISH

6장. 주문받기
How to take an order

6장 주문받기|How to take an order

학습목표

- 음료 주문을 받을 수 있다.
- 메인 요리 주문을 받을 수 있다.
- 디저트 주문을 받을 수 있다.

이번 장에서는 주문을 받고 음식을 추천하는 법을 학습합니다. 식당에서의 주문 프로세스는 레스토랑의 종류에 따라 차이가 있을 수는 있습니다.

1. 카페나 패스트푸드점에서 주문받기

카페의 유래는 커피에서 시작되었는데 커피는 에티오피아 남서부 '카파'에서 유래되었고 오스만 제국으로 들어간 커피는 '까훼(이슬람어)'라 불렸는데 1611년 이스탄불에 문을 연 '카흐베하나'를 카페의 원조로 볼 수 있습니다. 우리가 익히 알고 있는 카페(Cafe)는 커피나 차를 마시는 장소를 말합니다.

카페 문화는 프랑스에서 정착되었는데 17세기 시칠리아인이 1674년 프랑스 투르농 거리에 연 가게를 시초로 보고 있으며 지금도 남아있습니다. 이 당시에 카페는 대중을 위한 사교의 장소로 이용되었고 커피, 코코아, 차와 함께 케이크, 잼류 등도 판매를 하였으며 지식인들이나 작가들의 단골 장소가 되었습니다. 이와 같은 유래 때문에 카페에서 판매하는 음료는 커피가 주를 이루며, 커피 매장에서 커피를 제조하는 사람을 바리스타(barista)라고 부릅니다.

카페나 패스트푸드점에서의 서비스 프로세스

1. 인사/환대
2. 주문받기: 음료 선택 → 사이즈 선택 → 매장 내 취식 여부 확인
3. 주문확인: 주문내용 확인 → 추가 주문 확인 → 금액 제시 → 지불방법 확인 → 계산
4. 음료수령 장소 안내
5. 음료 전달

1) 카페 핵심 용어

barista	바리스타	fat free	지방 없는
coffee	커피	steamed milk	스팀한 우유
espresso	에스프레소	almond milk	아몬드우유

latte	라떼	soy milk	두유
cappuccino	카푸치노	tea	차
iced coffee	아이스 커피	small-medium-large	소-중-대
decaffeinated coffee	무카페인 커피	cinnamon powder	시나몬 분말
mocha	모카	cocoa powder	코코아 분말
sugar	설탕	sandwich	샌드위치
syrup	시럽	receipt	영수증
cream	크림	pour	붓다
whipped cream	휘핑크림	stir	젓다
half and half	해프앤해프	pick up	집어들다
low-fat	저지방	take out	포장하다
non-fat	무지방	for here	매장 내에서

예문

Waiter: Are you ready to order?
주문하시겠어요?

A: Yes, I'd like a cup of coffee and a doughnut, please.
커피 한 잔하고 도넛 주세요.

Waiter : What would you like?
옆에 분은 무엇으로 드시겠어요?

B: Oh, I'll have a pot of tea and a slice of pumpkin pie.
저는 차와 펌킨파이 한 조각 주세요.

Waiter: Would you like cream with your pie?
파이에 크림 올리나요?

B: No, thank you. Could I have ice cream with it instead?
아니요. 크림 대신에 아이스크림을 올려주세요.

Waiter: Yes, of course.
네 알겠습니다.

B: And may I have a glass of water, too?
물도 한 잔 주세요.

Waiter: Certainly.
물론이죠.

2) 주문받기 주요 표현

● [공식 1] Welcome to 카페 이름

Welcome to sky cafe.   스카이카페에 오신 것을 환영합니다.
                                          스카이카페입니다.

Hi, welcome to river cafe.   리버카페에 오신 것을 환영합니다.
                                          리버카페입니다.

Hello, welcome to Pinkberry cafe.   핑크베리카페에 오신 것을 환영합니다.
                                          핑크베리카페입니다.

예문

무엇을 드실 건가요?	How can I help you?
	What would you like?
	What can I get for you today?
주문하시겠어요?	Are you ready to order?
	Would you like to order?
	May I take your order?
	What would you like?
	Can I take your order?

● [공식 2] ~로 할게요, ~로 주세요.

I wi ll have 수량 + 크기 + 메뉴명

I would like 수량 + 크기 + 메뉴명

Could I have 수량 + 메뉴명

I would like a coffee.

I would like a cup of tea.

I'll have a small latte.   ~로 할게요.

I'll have two iced coffee, please.   ~로 주세요.

I'll have the pancakes.

I'd like to have the pancakes.

Can I have the pancakes?

예문

Would you have it here or to go?
For here or to go?
드시고 가시나요? 테이크아웃인가요?

Can I pay with card?
카드로 계산되나요?

Can I pay with points?
포인트로 결제되나요?

Can I pay in cash?
현금 되나요?

Here you go.
여기 있습니다.

Here you have.
음료 나왔습니다.

Your drink is ready.
음료 준비되었습니다.

Can I have the receipt?
영수증 주세요.

다이얼로그 1
따라 하기

고객 환대

Hi. Welcome to K-bucks.
반갑습니다. K 벅스에 오신 것을 환영합니다.

What can I get for you?
뭐 주문하시겠어요?

고객 주문

[음료 주문]

I'll have a large coffee.
큰 사이즈 커피주세요.

[카페인 또는 무카페인]

Regular of decaf, Ms?
손님, 카페인 있는 것으로 하시나요?

Regular, please.
카페인 있는 것으로 부탁합니다.

[사이즈 선택]

What size would you like?
크기는 어떤 것으로 하시겠어요?

Medium, please.
중간 크기로 주세요.

계속▶

고객 주문	**[매장 내 취식 여부 확인]** No problem. 알겠습니다. Will you have it here or to go? 매장 내에서 드실 건가요? For here, please. 네, 여기서 마실 거예요.
주문 확인	**[추가 주문사항 확인]** Will that be all? 더 주문하실 것은 없으신가요? No. Thanks. 없어요. **[결제 금액 안내]** That will be $5.25, please. $5.25입니다. **[주문픽업 장소 안내]** You can get your dring over there. 주문하신 음료는 저쪽에서 드릴게요.

계속▶

음료 전달

[주문 확인 및 음료 건네기]

A medium size regular coffee. Here you go.

주문하신 중간 크기 카페인 들어간 커피 나왔습니다. 여기요.

Thanks.

고마워요.

다이얼로그 1
어순으로 문장 만들기(연습)

반갑습니다. K 벅스에 오신 것을 환영합니다.

(K-bucks. Hi, Welcome to)

문장 완성:

뭐 주문하시겠어요?

(What, get for you, can I, ?)

문장 완성:

큰 사이즈 커피주세요.

(I'll, a large, have, coffee.)

문장 완성:

손님, 카페인 있는 것으로 하시나요?

(Ms, or, Regular, decaf, ?)

문장 완성:

카페인 있는 것으로 부탁합니다.

Regular, please.

크기는 어떤 것으로 하시겠어요?

(size, like, would, What, you?)

문장 완성:

중간 크기로 주세요.

Medium, please.

계속 ▶

알겠습니다.

No problem.

매장 내에서 드실 건가요?

(here, you, or, Will, have, it, to go?)

문장 완성:

네, 여기서 마실 거에요.

For here, please.

더 주문하실 것은 없으신가요?

(all, that, Will, be, ?)

문장 완성:

없어요.

No, Thanks.

$5.25입니다.

(will, That, be, please., $5.25)

문장 완성:

주문하신 음료는 저쪽에서 드릴게요.

(You, over, can, your drinks, pick up, there.)

문장 완성:

계속 ▶

주문하신 중간 크기 카페인 들어간 커피 나왔습니다.

A medium size regular coffee.

여기요

Here you go.

고마워요.

Thanks.

다이얼로그 1
어순으로 문장 만들기(정답)

반갑습니다. K벅스에 오신 것을 환영합니다.

Hi. Welcome to K-bucks.

뭐 주문하시겠어요?

What can I get for you?

큰 사이즈 커피주세요.

I'll have a large coffee.

카페인 있는 것으로 하시나요?

Regular or decaf, Ms?

카페인 있는 것으로 부탁합니다.

Regular, please.

크기는 어떤 것으로 하시겠어요?

What size would you like?

중간 크기로 주세요.

Medium, please.

알겠습니다.

No problem.

계속 ▶

매장 내에서 드실 건가요?

Will you have it here or to go?

네, 여기서 마실 거에요.

For here, please.

더 주문하실 것은 없으신가요?

Will that be all?

없어요.

No, Thanks.

$5.25입니다.

That will be $5.25, please.

주문하신 음료는 저쪽에서 드릴게요.

You can pick up your drinks over there.

주문하신 중간 크키 카페인 들어간 커피 나왔습니다.

A medium size regular coffee.

여기요

Here you go.

고마워요.

Thanks.

다이얼로그 2
단어 퍼즐로 완전한 문장 만들기

안녕하세요. 뭐 시키실 건가요?

(Hello. help you, How can I)

문장 완성:

프라푸치노 한 잔 주세요.

(a Frappuccino, Can I get)

문장 완성:

크기는 어떤 것으로 하시나요?

(would you like, What size)

문장 완성:

라지 사이즈로 주세요.

Large, please.

휘핑크림 올리시나요?

(on top, whipped cream, Do you want)

문장 완성:

아니요. 대신에 시나몬가루를 조금 뿌려주세요.

No, thanks. (But can you add, cinnamon powder, instead, a little bit of)

문장 완성:

계속▶

네, 물론이죠.

Of course.

더 주문하실 것은 없나요?

(anything else, ?, Would you like)

문장 완성:

아니요. 얼마죠?

No thanks. (will, How much, that be, ?)

문장 완성:

$5.75입니다.

(Total is, please, $5.75)

문장 완성:

커피는 저 쪽에서 받으시면 돼요.

(pick up, over there, You can, your coffee)

문장 완성:

여기 있어요. 좋은 하루 되세요.

(Here, have, a good one, you, go)

문장 완성:

다이얼로그 2
단어 퍼즐로 완전한 문장 만들기(정답)

안녕하세요. 뭐 시키실 건가요?

Hello. How can I help you?

프라푸치노 한 잔 주세요.

Can I get a Frappuccino?

크기는 어떤 것으로 하시나요?

What size would you like?

라지 사이즈로 주세요.

Large, please.

휩핑크림 올리시나요?

Do you want whipped cream on top?

아니요.

No thanks.

대신에 시나몬가루를 조금 뿌려주세요.

But can you add a little bit of cinnamon powder instead?

네, 물론이죠.

Of course.

계속▶

더 주문하실 것은 없나요?

Would you like anything else?

아니요. 얼마죠?

No Thanks. How much will that be?

$5.75입니다.

Totals if $5.75, please.

커피는 저 쪽에서 받으시면 돼요.

You can pick up your coffee over there.

여기 있어요. 좋은 하루 되세요.

Here you go. Have a good one!

Hi, What would you like?

해석:

I'd like a coffee, please.

해석:

Sure, would you have it for here or to go?

해석:

Could I have it to go?

해석:

OK, what kind of coffee would you like?

해석:

Medium roast, please.

해석:

What size would you like?

해석:

Can I have a medium?

해석:

계속 ▶

Sure. Would you like sugar and cream?

해석:

Yes, please.

해석:

Here you go. Would you like anything else?

해석:

No, thanks.

해석:

That will be 4 dollars.

해석:

Thank you.

해석:

You are welcome. Have a nice day!

해석:

다이얼로그 3
문장 해석하기(정답)

Hi, What would you like?

안녕하세요. 무엇을 시키실 건가요?

I'd like a coffee, please.

커피 한 잔 주세요.

Sure, would you have it for here or to go?

매장 내에서 드시고 가시나요?

Could I have it to go?

테이크 아웃으로 해주세요.

OK, what kind of coffee would you like?

알겠습니다. 어떤 커피로 드시겠어요?

Medium roast, please.

중간 정도로 볶은 커피로 주세요.

What size would you like?

크기는 어떤 것으로 하실 건가요?

Can I have a medium?

중간 사이즈로 주세요.

계속▶

Sure. Would you like sugar and cream?

알겠습니다. 설탕이나 크림을 넣으시나요?

Yes, please.

네, 넣어주세요.

Here you go. Would you like anything else?

여기 나왔습니다. 더 시키실 것은 없나요?

No, thanks.

그거면 됐습니다.

That will be 4 dollars.

$4입니다.

Thank you.

감사합니다.

You are welcome. Have a nice day!

천만에요. 좋은 하루 되세요.

다이얼로그 3
단어 퍼즐로 완전한 문장 만들기

안녕하세요. 무엇을 시키실 건가요?

(hi, you, would, what, like)

문장 완성:

커피 한 잔 주세요.

(please, I'd like, a coffee)

문장 완성:

매장 내에서 드시고 가시나요?

(have, or to go, sure, would you, it, for here,)

문장 완성:

테이크 아웃으로 해주세요.

(it, could, to go, I, have)

문장 완성:

알겠습니다. 어떤 커피로 드시겠어요?

(would you like, what kind of, OK, coffee)

문장 완성:

Medium roast, please.

중간 정도로 볶은 커피로 주세요.

크기는 어떤 것으로 하실 건가요?

(would, you, what, size, like)

문장 완성:

계속 ▶

중간 사이즈로 주세요.

(medium, a, can, I, have)

문장 완성:

알겠습니다. 설탕이나 크림을 넣으시나요?

(sugar, cream, like, sure, would, you, and)

문장 완성:

네, 넣어주세요.

You are welcome. Have a nice day!

Yes, please.

여기 나왔습니다. 더 시키실 것은 없나요?

Here you go. (else, like, you, would, anything)

문장 완성:

그거면 됐습니다.

No, thanks.

$4입니다.

That will be 4 dollars.

감사합니다.

Thank you.

천만에요. 좋은 하루 되세요.

You are welcome. Have a nice day!

다이얼로그 4
해석하기

Hi, What can I get for you?

해석:

Do you have tea?

해석:

Yes, we have many kinds of tea.

해석:

We have Earl Grey, chamomile, lemon, and green tea.

해석:

I'll have a green tea, please.

해석:

Sure. Will you have it here or to go?

해석:

I'll have it here, please.

해석:

OK. Would you like anything to eat?

해석:

계속▶

Do you have sandwiches?

해석:

Sorry, we are out of sandwiches at the moment.

해석:

That's fine. Do you have cookie?

해석:

Yes, we do.

해석:

Can I have cookies to take away, please?

해석:

Yes, of course.

해석:

Anything else?

해석:

No, thanks.

해석:

계속▶

That will be 12 dollars.

해석:

Thank you. Can I pay it with card?

해석:

Yes, you can.

해석:

Can I have the receipt, please?

해석:

Here it is.

해석:

Thank you.

해석:

You are welcome. Enjoy your tea!

해석:

Hi, What can I get for you?

안녕하세요. 뭐 드실 건가요?

Do you have tea?

차 있나요?

Yes, we have many kinds of tea.

네, 다양한 종류의 차가 있어요.

We have earl grey, chamomile, lemon, and green tea.

얼그레이, 카모마일, 레몬, 녹차가 있어요.

I'll have a green tea, please.

녹차로 할게요.

Sure. Will you have it here or to go?

네, 여기서 드시고 가시나요?

I'll have it here, please.

네 매장에서 마실거예요.

OK. Would you like anything to eat?

알겠습니다. 다른 것도 드실 건가요?

Do you have sandwiches?

샌드위치 있나요?

계속▶

Sorry, we are out of sandwiches at the moment.

죄송합니다만 샌드위치가 다 팔렸네요.

That's fine. Do you have cookie?

그렇군요. 그럼 쿠키는 있나요?

Yes, we do.

네, 있어요.

Can I have cookies to take away, please?

쿠키 포장해줄 수 있나요?

Yes, of course.

네 가능해요.

Anything else?

추가하실 게 있나요?

No, thanks.

없어요.

That will be 12 dollars.

$12입니다.

계속 ▶

Thank you. Can I pay it with card?

카드결제 되나요?

Yes, you can.

네.

Can I have the receipt, please?

영수증 주세요.

Here it is.

여기 있습니다.

Thank you.

고마워요.

You are welcome. Enjoy your tea!

천만에요. 차 여기 있습니다.

안녕하세요. 뭐 드실 건가요?

(you, what, hi, can, I, get, for)

문장 완성:

차 있나요?

(tea, have, do, you)

문장 완성:

네, 다양한 종류의 차가 있어요.

(kinds of, we many, yes, have, tea)

문장 완성:

얼그레이, 카모마일, 레몬, 녹차가 있어요.

(green tea, we, and, have, chamomile, earl grey, lemon)

문장 완성:

녹차로 할게요.

(have, I'll, please, a green tea)

문장 완성:

네, 여기서 드시고 가시나요?

Sure. (to go, will, here, have, it, you, or, ?)

문장 완성:

계속▶

네 매장에서 마실 거예요.

(have, I'll, please, it here)

문장 완성:

알겠습니다. 다른 것도 드실 건가요?

(would, to eat, OK, you, like, anything)

문장 완성:

샌드위치 있나요?

(have, do, you, sandwiches, ?)

문장 완성:

죄송합니다만 샌드위치가 다 팔렸네요.

(out of, at the moment, sorry, we, are, sandwiches)

문장 완성:

그렇군요. 그럼 쿠키는 있나요?

That's fine. (you cookie, have, do, ?)

문장 완성:

Yes, we do.

네, 있어요.

쿠키 포장해줄 수 있나요?

(have, please, can, cookies, I, to, take away)

문장 완성:

계속▶

네 가능해요.

Yes, of course.

Anything else?

추가하실 게 있나요?

No, thanks.

없어요.

No, thanks.

$12입니다.

That will be 12 dollars.

카드결제 되나요?

Thank you. (can, with, I, card, pay, it)

문장 완성:

Yes, you can.

네.

영수증 주세요.

(the receipt, can, please, I, have)

문장 완성:

여기 있습니다.

Here it is.

계속 ▶

고마워요.

Thank you.

천만에요. 차 여기 있습니다.

You are welcome. Enjoy your tea!

---

2. 캐주얼, 파인다이닝에서 주문받기

파인다이닝의 서비스 프로세스는 애피타이저부터 디저트, 와인 메뉴까지 상당히 긴 서비스 프로세스를 거칩니다.

파인다이닝의 서비스 프로세스는 애피타이저부터 디저트, 와인 메뉴까지 상당히 긴 프로세스를 거칩니다. 첫 번째 스텝은 고객을 반갑게 맞이하는 인사를 하는 것입니다. 이 단계에서는 앞선 조직도에서 살펴봤듯이 메트로디가 담당을 하게 됩니다. 두 번째 스텝은 예약 여부를 확인하고 예약이 되어있으면 바로 자리로 안내를 하면 되고, 예약을 하지 않은 경우에는 좌석이 있는지 먼저 확인하고 좌석을 배정하고 안내합니다. 세 번째 스텝은 테이블을 담당하는 종사원이 메뉴판을 손님에게 전달합니다. 메뉴판을 보고 음식을 선택하기 전까지 천천히 여유와 시간을 갖도록 음료나 주류를 주문받습니다. 충분히 메뉴를 검토할 시간을 제공한 후 종사원은 손님에게 다가가 주문을 받습니다. 이때 고객에게 메뉴에 대한 설명을 해야 하는 경우가 생깁니다. 네 번째 단계에서는 주문한 음식을 확인하는 절차를 거칩니다. 손님의 요구사항이 맞는지 재확인하고 다음 단계에서는 조리된 음식을 제공합니다. 여섯 번째는 음식 서비스가 모두 종료되고 나서는 디저트 메뉴를 다시 주문받습니다. 통상적으로 디저트는 차나 커피와 함께 주문합니다. 일곱 번째 모든 식사가 종료되면 계산서를 전달하고 결제를 합니다. 그리고 마지막으로 손님을 배웅하게 되면 서비스 절차가 마무리됩니다. 길어 보이지만 식당에서 일어나는 과정을 절차별로 구분해서 정리한 것입니다.

1) 조식 레스토랑

다이얼로그 1
데니스 레스토랑에서

인사 및 환대 음료 주문하기	Hi, welcome to Denny's. Can I get you anything to drink? Just water, please.

메뉴판 전달하기	Sure, here are your menus. I'll be back in a few minutes to take your order.

주문받기	Did you decide yet, or would you like more time? I think we're all ready to order. Okay, what would you like? I'll have pancakes with a side of fruit, please. Okay, would you like anything to drink with that? Sure, I'll have some coffee, please. Okay, everything should be ready in 15 minutes. Thanks. Here's your breakfast and your coffee. Thank you.

계속 ▶

| 음료
리필하기 | Would you like a refill on your coffee?
Sure. |

| 식사 중
확인하기 | How's everything tasting so far?
It's great, thanks.
Can I get you anything?
Could I get some more syrup, please. |

다이얼로그 1
데니스 레스토랑에서 해석하기

Hi, welcome to Denny's. Can I get you anything to drink?

데니스 레스토랑입니다. 음료는 무엇으로 주문하시겠어요?

Just water, please.

물 주세요.

Sure, here are your menus, I'll be back in a few minutes to take your order.

네, 메뉴판 여기 있습니다. 잠시 후에 주문받으러 오겠습니다.

Did you decide yet, or would you like more time?

결정하셨어요? 아니면 시간이 더 필요하신가요?

I think we're all ready to order.

주문할게요.

Okay, what would you like?

네, 무엇으로 하시겠어요?

I'll have pancakes with a side of fruit, please.

팬케이크에 과일을 곁들여 주세요.

Okay, would you like anything to drink with that?

네, 음료는 무엇으로 하시겠어요?

Sure, I'll have some coffee, please.

네, 커피로 주세요.

계속 ▶

Okay, everything should be ready in 15 minutes.
알겠습니다. 15분 정도 걸릴 거에요.

Thanks.
고마워요.

Here's your breakfast and your coffee.
팬케이크랑 커피 나왔습니다.
Thank you.
감가합니다.

Would you like a refill on your coffee?
커피 리필 하시겠어요?
Sure.
네, 더 주세요.

How's everything tasting so far?
음식은 어떠세요?

It's great, thanks.
맛있네요, 고마워요.

Can I get you anything?
더 필요하신 건 없으신가요?

Could I get some more syrup, please?
시럽 좀 더 주세요.

다이얼로그 1
데니스 레스토랑에서 문장 완성하기

데니스 레스토랑입니다. 음료는 무엇으로 주문하시겠어요?

(welcome to, Hi, Denny's.)

문장 완성:

(I, anything, to, Can, get, drink, ? you, anything)

문장 완성:

물 주세요.

Just water, please.

네, 메뉴판 여기 있습니다. 잠시 후에 주문받으러 오겠습니다.

(here, your, Sure, menus, are)

문장 완성:

(I'll, back, in, take, a, few, be, minutes, to, your order)

문장 완성:

결정하셨어요? 아니면 시간이 더 필요하신가요?

(would, you, decide, Did, yet, more, or, you, like, time, ?)

문장 완성:

주문할게요.

(I, we're, to, all, think, ready, order)

문장 완성:

계속▶

네, 무엇으로 드시겠어요?

(Okay, like, would, you, what, ?)

문장 완성:

팬케이크랑 과일을 곁들어 주세요.

(I'll, a, have, fruit, of, pancakes, side, with, please.)

문장 완성:

네, 음료는 무엇으로 하시겠어요?

(Okay, would, anything, you, with, drink, like, to, that?)

문장 완성:

네, 커피로 주세요.

(Sure, I'll, coffee, some, have, please.)

문장 완성:

알겠습니다. 15분 정도 걸릴거에요.

(Okay, ready, be, everything, should, in, 15 minutes.)

문장 완성:

고마워요.

Thanks.

팬케이크랑 커피 나왔습니다.

(your, here's, breakfast, your, and, coffee.)

문장 완성:

계속▶

고마워요.

Thank you.

커피 리필 하시겠어요.

(Would, you, coffee, a, refill, on, like, your, ?)

문장 완성:

네, 더 주세요.

Sure.

음식은 어떠세요?

(How's, far, tasting, so, everything, ?)

문장 완성:

맛있네요, 고마워요.

It's great, thanks.

더 필요하신 건 없으신가요?

(Can, you, get, I, anything, ?)

문장 완성:

시럽 좀 더 주세요.

(Could, I, some, syrup, get, more, please.)

문장 완성:

Waiter: Can I get you anything to drink?

John: Yes, please. May I get 2 glasses of orange juice?

Waiter: Sure. Would you like an appetizer?

John: I'll have the tomato soup to start.

Lisa: I'll have the shrimp soup.

Waiter: Would you like to order anything else?

John: That'll be all for now.

Waiter: Let me know when you're ready to order your food.

Waiter: Here is your potato soup, Madam.

Lisa: But I ordered shrimp soup!

Waiter: I'm so sorry. I'll change it for you straightaway.

Lisa: I would appreciate that.

John: Excuse me. Could you bring us the menu, please?

John: We'd like to order a cheeseburger and some fries.

Waiter: Sorry, the fries are off. Why don't you try the steak? It is excellent

John: I'll trust your taste and take one order of that.

Waiter: Do you want a dessert?

Lisa: The chocolate mousse cake sounds great.

Waiter: Would you like coffee or tea with your dessert?

John: Just water, please.

Waiter: Can I get you anything else?

Lisa: That's all, thank you.

다이얼로그 2
주문받기 해석하기

Waiter: Can I get you anything to drink?

음료는 무엇으로 하시겠습니까?

John: Yes, please. May I get 2 glasses of orange juice?

네, 오렌지 주스 2잔 주세요.

Waiter: Sure. Would you like an appetizer?

알겠습니다. 애피타이저는 무엇으로 하시겠어요?

John: I'll have the tomato soup to start.

토마토 스프로 주세요.

Lisa: I'll have the shrimp soup.

저는 새우 스프로 할게요.

Waiter: Would you like to order anything else?

더 주문하실 게 있으신가요?

John: That'll be all for now.

지금은 그걸로 됐어요.

Waiter: Let me know when you're ready to order your food.

준비되시면 알려주세요.

계속 ▶

Waiter: Here is your tomato soup, Madam.

손님, 토마토 스프 나왔습니다.

Lisa: But I ordered shrimp soup!

새우 스프로 시켰는데요?

Waiter: I'm so sorry. I'll change it for you straightaway.

죄송합니다. 바로 다시 가져오겠습니다.

Lisa: I would appreciate that.

고마워요.

John: Excuse me. Could you bring us the menu, please?

실례합니다. 메뉴판 주시겠어요?

John: We'd like to order a cheeseburger and some fries.

저는 치즈버거랑 감자튀김으로 주문할게요.

Waiter: Sorry, the fries are off. Why don't you try the steak? It is excellent.

죄송합니다만, 감자튀김은 다 팔렸습니다. 스테이크로 하시면 어떨까요? 맛있습니다.

John: I'll trust your taste and take one order of that.

직원분의 입맛을 믿고 추천해주신 메뉴로 주문할게요.

계속▶

Waiter: Do you want a dessert?

디저트도 드시겠어요?

Lisa: The chocolate mousse cake sounds great.

초콜릿 무스 케이크가 맛있겠네요.

Waiter: Would you like coffee or tea with your dessert?

디저트와 함께 커피나 차도 함께 드시겠어요?

John: Just water, please.

물이면 될 거 같아요.

Waiter: Can I get you anything else?

다른 거 더 필요하신 건 없으신가요?

Lisa: That's all, thank you.

그거면 됐어요. 고마워요.

다이얼로그 2
주문받기 영작하기

음료는 무엇으로 하시겠습니까?

Waiter: (Can, I, get, you, anything, to, drink, ?)

문장 완성:

네, 오렌지 주스 2잔 주세요.

John: Yes, please. (I, get, glasses, May, of, 2, orange juice, ?)

문장 완성:

알겠습니다. 애피타이저는 무엇으로 하시겠어요?

Waiter: Sure. (you, appetizer, an, like, ?, Would)

문장 완성:

토마토 스프로 주세요.

John: (I'll, start, tomato, have, the, to, soup)

문장 완성:

저는 새우 스프로 할게요.

Lisa: (I'll, shrimp, the, have, soup)

문장 완성:

다른 것 주문하실 게 있으신가요?

Waiter: (Would, you, to, else, order, like, anything, ?)

문장 완성:

계속▶

지금은 그걸로 됐어요.

John: (That'll, all, be, now, for)

문장 완성:

준비되시면 알려주세요.

Waiter: (Let, know, when, food, to, me, your, ready, you're, order)

문장 완성:

손님, 토마토 스프 나왔습니다.

Waiter: (is, soup, your, Here, Madam, tomato)

문장 완성:

새우 스프로 시켰는데요?

Lisa: (I, shrimp, but, ordered, soup, !)

문장 완성:

죄송합니다. 바로 다시 가져오겠습니다.

Waiter: I'm so sorry. (I'll, it, change, for, straightaway, you)

문장 완성:

고마워요.

Lisa: (I, appreciate, that, would)

문장 완성:

계속 ▶

실례합니다. 메뉴판 주시겠어요?

John: Excuse me. (you, bring menu, could, the, please, us, ?)

문장 완성:

저는 치즈버거랑 감자튀김으로 주문할게요.

John: (to, some, cheeseburger, like, we'd, order, a, and, fries)

문장 완성:

죄송합니다만, 감자튀김은 다 팔렸습니다. 스테이크로 하시면 어떨까요? 맛있습니다.

Waiter: Sorry, the fries are off. (don't, steak, you, why, try, the, ?)

It is excellent.

문장 완성:

직원분의 입맛을 믿고 추천해주신 메뉴로 주문할게요.

John: (trust, I'll, taste, and, order of, your, take, one, that,)

문장 완성:

디저트도 드시겠어요?

Waiter: Do you want a dessert?

문장 완성:

초콜릿 무스 케이크가 맛있겠네요.

Lisa: (the, mousse, chocolate, sounds, cake, great,)

문장 완성:

계속▶

디저트와 함께 커피나 차도 함께 드시겠어요?

Waiter: (you, would, coffee, with, like, tea, dessert, or, your, ?,)

문장 완성:

물이면 될 거 같아요.

John: Just water, please.

다른 거 더 필요하신 건 없으신가요?

Waiter: Can I get you anything else?

그거면 됐어요. 고마워요.

Lisa: That's all, thank you.

Are you ready to order?

Lady first.

I'd like a Spaghetti Bolognese and a Cesar Salad.

Ok, I see. How about you, sir?

A dish of rib eye steak with black pepper sauce and a bowl of pumpkin soup.

Okay, Is there anything else?

No, Thanks.

Please wait a minute. We'll prepare for it right now.

Thank you.

This is Spaghetti and salad for the lady.

And this it rib eye steak and pumpkin soup for you, sir.

Hope you enjoy the meal.

Okay, thanks.

We want to order the dessert.

For dessert, today we have Apple pie, Pumpkin pie, and ice cream. What do you want to order?

I would like an Ice Cream, please.

What flavor do you want?

Strawberry, please.

계속 ▶

Sure, how about you?

The same as her, please?

Okay, please wait a minute.

Here your are.

Thank you.

Is there anything I can help you with?

No, thanks.

다이얼로그 3
해석하기

Are you ready to order?

주문하시겠어요?

Lady first.

여성분 먼저요.

I'd like a Spaghetti Bolognese and a Cesar Salad.

스파게티 볼로네제와 시저 샐러드 주세요.

Ok, I see. How about you, Sir?

네, 손님은 무엇으로 하시겠어요?

A dish of rib eye steak with black pepper sauce and a bowl of pumpkin soup.

블랙페퍼 소스를 곁들인 립아이 스테이크랑 호박스프로 주세요.

Okay, Is there anything else?

네, 다른 건 없으신가요?

No, Thanks.

없습니다.

Please wait a minute. We'll prepare for it right now.

잠시만 기다려주세요. 바로 준비해 드리겠습니다.

Thank you.

고마워요.

계속 ▶

This is Spaghetti and salad for the lady.
여성분이 주문하신 스파게티와 샐러드 나왔습니다.

And this it rib eye steak and pumpkin soup for you, Sir.
남성분을 위한 스테이트와 호박스프입니다.

Hope you enjoy the meal.
맛있게 드세요.

Okay, thanks.
고마워요.

We want to order the dessert.
디저트를 주문하려고 해요.

For dessert, today we have apple pie, pumpkin pie, and ice cream. What do you want to order?
오늘의 디저트로 애플파이, 호박파이, 그리고 아이스크림입니다. 무엇으로 주문하시겠어요?

I would like an ice cream, please.
아이스크림으로 주세요.

What flavor do you want?
무슨 맛으로 하시겠어요?

계속▶

Strawberry, please.
딸기 맛으로 주세요.

Sure, how about you?
손님은 무엇으로 하시겠어요?

The same as her, please?
같은 걸로 주세요.

Okay, please wait a minute.
알겠습니다. 잠시만 기다려주세요.

Here your are.
여기 나왔습니다.

Thank you.
감사합니다.

Is there anything I can help you with?
더 필요하신 건 없으신가요?

No, thanks.
네, 없어요.

주문하시겠어요?

(ready, you, are, to, order, ?)

문장 완성:

여성분 먼저요.

Lady first.

스파게티 볼로네제와 시저 샐러드 주세요.

(I'd, a, Spaghetti Bolognese, like, and, Cesar Salad, a)

문장 완성:

네, 손님은 무엇으로 하시겠어요?

(Ok, I see. 9about, how, sir, you, ?)

문장 완성:

블랙페퍼 소스를 곁들인 립아이 스테이크랑 호박스프로 주세요.

(of, rib eye steak, a dish, with, a bowl, and, black pepper sauce, of, pumpkin soup)

문장 완성:

네, 다른 건 없으신가요?

(Okay, there, else, is, anything, ?)

문장 완성:

없습니다.

No, Thanks.

계속▶

잠시만 기다려주세요. 바로 준비해 드리겠습니다.

Pease wait a minute. (we'll, for, now, it, prepare, right)

문장 완성:

고마워요.

Thank you.

여성분이 주문하신 스파게티와 샐러드 나왔습니다.

(is, Spaghetti, this, and, for, lady, salad, the)

문장 완성:

남성분을 위한 스테이트와 호박스프입니다.

(it, rib eye steak, this, and, for, and, you, pumpkin soup, sir)

문장 완성:

맛있게 드세요.

(Hope, you, enjoy, the, meal)

문장 완성:

고마워요.

Okay, thanks.

디저트를 주문하려고 해요.

(we, to, order, dessert, want, the)

문장 완성:

계속▶

오늘의 디저트로 애플파이, 호박파이, 그리고 아이스크림입니다.

(we, for today, dessert, and, have, Apple pie, Pumpkin pie, ice cream)

문장 완성:

무엇으로 주문하시겠어요?

(what, do, you, want, to, order, ?)

문장 완성:

아이스크림으로 주세요.

(I, an, like, would, Ice Cream, please)

문장 완성:

무슨 맛으로 하시겠어요?

(do, what, you, flavor, want, ?)

문장 완성:

딸기 맛으로 주세요.

Strawberry, please.

문장 완성:

손님은 무엇으로 하시겠어요?

Sure, how about you?

문장 완성:

계속▶

같은 걸로 주세요.

(the, her, as, same, please, ?)

문장 완성:

알겠습니다. 잠시만 기다려주세요.

Okay, please wait a minute.

여기 나왔습니다.

Here your are.

감사합니다.

Thank you.

더 필요하신 건 없으신가요?

(there, is, I, can, help, with, anything, you, ?)

문장 완성:

네, 없어요.

No, thanks.

For preparation of meat(스테이크 굽기 상태 표현)

Very rare	날 것
Rare	살짝 익힌
Medium rare	겉면만 익힌
Medium	고기 가운데 붉은 빛이 도는
Medium well-done	핏빛이 살짝 보일 듯한
Well-done	바짝 익힌

2) 디저트와 음료 주문하기

다이얼로그 1
디저트 주문받기

Would you like to see the dessert menu, Ma'am? We have some excellent desserts.
손님, 디저트 메뉴 한 번 보시겠어요? 우리 식당의 디저트가 유명해요.

Sure.
네, 좋아요.

Would you care for one of our signature desserts?
우리 식당의 시그니처 디저트 드셔보시겠어요?

Yes, please.
네, 그럴게요.

Can I tempt you to a delicious dessert, Ma'am?
손님, 맛있는 디저트가 있는데 드시겠어요?

Yes, sure!
네, 물론이죠.

계속 ▶

May I suggest the strawberry cheesecake?

딸기 치즈케이크를 추천해요.

Alright.

그걸로 할게요.

Would you like anything for dessert?

디저트로 무엇을 드시겠어요?

Yes, please. I'd like blueberry cake.

네, 블루베리 케이크요.

I'd like chocolate fudge cake, please.

저는 초콜릿 퍼지 케이크로 주세요.

Blueberry cake for you, Sir. Chocolate cake for you, Madam.

블루베리 케이크와 초콜릿 케이크를 로 준비하겠습니다.

Thank you.

고마워요.

계속▶

I would like to recommend our chocolate cake.

초콜릿 케이크를 추천합니다.

Okay, I try that.

한 번 먹어보죠.

다이얼로그 2
음료 주문받기

May I bring you some tea or coffee?

Would you care for some tea or coffee?

차나 커피 드시겠어요?

Yes, please.

Yes!

네, 주세요.

문장 패턴

주문하시겠어요?

- Can I take your order, Sir/ Madam?
- May I take your order?
- Are you ready to order?
- Can I take your order?
- Are you ready to order yet?

애피타이저는
무엇으로
하시겠어요?

- Would you like an appetizer?
- What would you like to start with?
- What would you like for a starter?

음료는 무엇으로
하실래요?

- Anything to drink?
- Can I start you off with anything to drink?
- May I get you anything to drink?
- Would you like any wine with that?
- What would you like to drink?
- Would you like coffee or tea with your dessert?
- Would you like a drink before the main course?
- Can I get you a drink while you're waiting?
- Would you like any coffee?
- What would you like to drink with your meal?

샐러드도 함께
주문하시겠어요?
야채 곁들이시
겠어요?

- Do you want a salad with it?
- Do you want vegetables with it?

계속 ▶

고기 굽기는 어느 정도로 하시겠어요?	• How would you like your steak?
피자를 드셔보세요.	• Why don't you try the pizza?
디저트는 무엇으로 하시겠어요?	• What would you like for dessert?
	• Do you want a dessert?
	• Would you like to see our dessert menu?
새로 나온 디저트 드셔보시겠어요?	• Would you like dessert after your meal?
	• Would you like to try our dessert special?
	• Would you like to finish your evening with us with some dessert?
더 필요하신 건 없나요?	• Can I get you anything else?
	• Would you like to order anything else?

CAFE ENGLISH

7장. 식사 중 서비스하기
How to serve food

7장 식사 중 서비스하기 How to serve food

학습목표

- 음식의 맛을 표현하는 형용사에 대해 학습하고 사용할 수 있다.
- 음식의 질감을 표현하는 형용사에 대해 학습하고 사용할 수 있다.

식사 중에는 손님이 주문한 음식에 대해 어느 정도 만족하고 있는지 불편한 것은 없는지를 체크하면 됩니다. 이때 음식의 맛을 표현하는 형용사를 많이 사용하는데요, 형용사의 다양한 쓰임새를 학습해 봅시다.

1. 음식 맛이 어떤지 물어볼 때

- How's the… (name of plate)?   ○○ 음식은 어떠신가요?
- What's the (name of plate) like?

How are the steamed mussels?
홍합찜은 맛이 어때요?

What's the grilled salmon like?
구운 연어 맛은 어때요?

2. 맛을 표현하는 형용사

형용사는 맛, 크기, 모양, 색, 온도, 농도, 질감 등을 표시할 때 주로 쓰이는 데 동사와 함께 쓰여서 주어를 서술해 주거나 명사를 수식할 때 주로 사용합니다.

1) 문장에서 형용사

● [공식 1] It tastes/looks/smells/sounds + 형용사(A): 맛, 색, 향, 느낌이 00하다

It tastes delicious	맛있네.
It smells delicious	맛있는 냄새가 나네.
It is hot	뜨거워

● [공식 2] 형용사(A) + 명사: 00한 ~(재료) (hot pot)

hot pot	뜨거운 냄비
hot soup	뜨거운 스프

2) 맛을 표현 하는 단어(Flavors)

Sweet	달다
Salty	짜다
Sour	시다
Bitter	쓰다
Tannic	떫다
Spicy / hot	맵다

3) 맛있다고 할 때

Good	좋다
Delicious	맛있다
Tasty	맛있다
So good	너무 맛있다
Delectable	아주 맛있는
Yummy	(유아 용어) 얌냠
Scrumptious	굉장히 맛있는
Divine	아주 훌륭한
Out of this world	굉장히 맛있는
Heavenly	기가 막히다
Mouth watering	입에 침이 고이는
Succulent	육즙이 가득한

*동사나 감탄문의 형태로도 맛있다는 표현이 가능하다.

| (Taste) good | 맛있다. | It tastes good. |
| Tasty | 맛있는 음식 | What a tasty dish! |

예문

It's delicious.
맛있어요.

It's tasty.
맛있네요.

It's yummy.
맛있어.

Ummmm, this is so good.
음, 진짜 맛있다.

Everything tasted absolutely divine.
모든 게 다 맛이 좋아요.

This is out of this world!
맛이 끝내준다.

It tasted heavenly.
맛이 기가 막히다.

4) 맛없다고 할 때

Awful	최악인
Not good	별로야
Not tasty	별로야
Dull	아무 맛도 없는(Dull flavor)
Bland	심심한

It's awful!
최악인데.

That's not good.
맛이 별로인데.

It's not tasty.
맛없다.

It tastes bland.
간이 안 맞네.

5) 기타 맛에 관한 표현

Sharp	(신맛이) 날카로운
Tangy	짜릿한, 톡 쏘는
Clean	(맛이) 깔끔한
Refreshing	(느낌이) 상큼한
Lingering	혀에 여운이 남는(It has a lingering taste.)

6) 기름기가 많은 경우

Greasy	기름진(부정적 어감)
Oily	기름진(Oily fish, 기름진 생선)
Fatty	기름진(fatty fish, 기름기 많은 생선)
Lean	살코기의(기름기가 거의 없는 부분)
Soggy	기름져 눅눅한

7) 색을 나타내는 표현(Colors)

Golden Brown	노릇노릇한 갈색
Bake cookie until golden brown color.	노릇노릇한 색이 날 때까지 구워라.
Opaque	불투명한

Transparent	투명한
Translucent	반투명한
Bright	(색이) 선명한, 밝은(bright color)

8) 온도를 나타내는 말(Temperature)

Hot	뜨거운
Very hot	매우 뜨거운
Extremely hot	엄청나게 뜨거운
Pan smoking hot	팬에서 기름이 타서 연기가 날 정도로 뜨거운
Sizzling hot	겉면이 갈색이 날 만큼 뜨거운
Boiling hot	물이 끓을 만큼 뜨거운
Warm	따뜻한
Lukewarm	미지근한
Room temperature	실온/상온
Cool	서늘한
Cold	서늘한
Chill	쌀쌀한
At a low temperature	낮은 온도에서
At a high temperature	높은 온도에서

9) 재료의 농도를 나타내는 표현

농도 진함 ←→ 농도 묽음
dense / runny
thick / thin
pastelike / watery

수분 있는(촉촉한) ←→ 건조한 상태
moist / dry
wet
damp

Watery	물 같은 농도
Runny	줄줄 흐르는, 묽은
Thin	(농도가) 묽다, 물게 하다
Thick	(농도가) 되다
until it is quite thick	되게 될 때까지
Dense	(농도가) 짙다, 빡빡하다
Paste like	페이스트 같은

10) 질감을 나타내는 표현

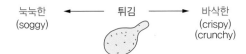

Crispy	바삭한 [크리스피]
Crunchy	바삭바삭한, 아삭아삭한 [크런치]
Soggy	눅눅한

Hard	딱딱한
Soft	부드러운
Firm	딱딱한

| Smooth | 부드러운, (소스가) 매끄러운 |
| Silky | (감촉이) 매끄러운 |

Limp	흐느적흐느적, 흐믈흐믈한
Coarse	거친
Grainny	알갱이가 씹히는

Tender	(고기가) 부드러운
Tough	(고기가) 질긴

Chewy	씹히는 감이 있는, 쫄깃쫄깃한 [츄이]
Gooey	달라붙는 느낌(찹쌀떡)이 있는, 쫀득쫀득한 [구우이]
Sticky	끈적끈적한 [스티끼]
Al dante	입에 씹는 맛이 있는(파스타에서 안에 심이 보일 정도로) [알텐테]
Fork tender	포크로 눌러 으깨질 정도로 잘 익은

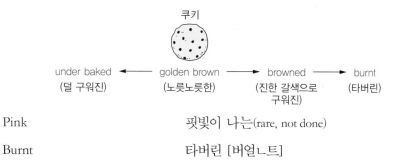

Pink	핏빛이 나는(rare, not done)
Burnt	타버린 [버얼ㄴ트]

| Charred | 그을린 [차알드] |
| Brown/brown | 많이 구워져 진하게 색이난 |

11) 접시의 상태를 나타내는 표현

Chipped	이가 빠진	
Cracked	금이 간	
Broken	깨진	
That plate is chipped	접시가 이가 빠졌다.

예문 MAKING COMMENTS ON FOOD(음식에 대한 코멘트)

What a wonderful dinner!
진짜 근사한 저녁이었어.

I especially like the wonderful chicken dish.
특히나 치킨요리가 좋았어.

I really love this meal.
식사가 좋았어.

My salad is very soggy.
샐러드가 싱싱하지 않았어.

The vegetables are kind of mushy.
채소가 물렀어.

My fish has good seasoning but is a little dry.
생선이 바짝 구워졌지만 간은 딱 좋았어.

The cake is too sweet for me.
케이크가 너무 달았어.

다이얼로그 1
Making Comments on Food

Lisa: John, is your steak OK?

John: The steak tastes wonderful!

Lisa: How is your cake?

John: My cake is too sweet for me.

Lisa: So is mine. I think they put too much sugar in cakes.

John: The food here is usually good, so I think that we should mention this to the waiter.

Lisa: You're right. Maybe they can bring us some better food.

CAFE ENGLISH

8장. 계산하고 배웅하기
Paying the bill

8장 계산하고 배웅하기Paying the bill

학습목표

- 각국의 화폐단위와 기호를 학습하고 적용할 수 있다.
- 지불 방법과 지불 수단에 대해 학습하고 적용할 수 있다.
- 손님을 배웅하는 인사법을 학습하고 사용할 수 있다.

고객이 식사를 마치고 음식 값을 지불하는 방법과 수단이 다양해지고 있습니다. 특히 요즘의 젊은 세대는 현금보다는 카드, 앱으로 결제를 선호하므로 변화하는 방식에 대해 학습하고, 헤어질 때 사용하는 인사말을 적용하여 마지막까지 심리스하고 매끄러운 서비스를 제공하도록 합시다.

● [Step 1] 맛있게 먹었는지 확인하기

I hope you enjoyed your meal.

How is your lunch?

Did you enjoy your meal, Madam/Sir?

● [Step 2] 지불 금액 확인하기

The charge for your lunch is $30, Ma'am.

The full amount is $67.

Your bill comes to 25,000 won.

● [Step 3] 지불 방법 물어보기

How would you like to pay, Sir?

    by card   크레딧 카드 지불

    in cash   현금 지불

● [Step 4] 서명하기

Can you sign here?

● [Step 5] 영수증 잔돈 건네기

Here's your receipt.

Here's your receipt and change.

    *Keep the change.   잔돈은 넣어두세요.

1. 국가별 화폐단위

국가	화폐단위	기호
대한민국	원	₩
미국	달러	$
영국	파운드	£
유럽	유로	€
일본	엔	¥
중국	위안	¥
호주	달러	$

2. 숫자 읽기

$ 7.25   seven dollars (and) twenty-five cents (7달러 25센트)

£5   five pounds (5파운드)

₩170   one hundred and seventy won (170원)

3. 지불 수단

신용카드 지불	pay by credit card
체크카드 지불	pay by check card
현금 지불	pay in cash
예 현금만 받아요.	we only accept in cash. 또는 cash only!

4. 지불 방법

1) 각자 내자.

Let's go Dutch!

Let's split the bill.

Let's split the bill in half.

We'd like to pay separately.

Can we have separate checks, please?

2) 내가 낼게.

It's my treat.

It's on me.

I'll pay for dinner(lunch).

I'll take care of the bill.

3) 다음에 네가 사.

You can treat me next time.

4) 이건 서비스입니다.

It's on the house.	공짜입니다.
Is this on the house?	이기 서비스로 주시는 건가요?
It's on me.	내가 낼게.
It's my treat.	내가 살게.

예문 1

Excuse me, we'd like the bill.
계산서 주세요.
I'll pay by credit card.
카드로 계산할게요.

I'll be $57 altogether.
전부 57불입니다.
How would you like to pay, Sir?
지불은 어떤 방법으로 하시나요?
In cash, please.
현금으로 해주세요.

예문 2

Can I get you anything else, or are you ready for the bill?
더 필요한 게 있으신가요? 아니면 계산하시겠어요?
We're ready for the bill, thanks.
계산서 주세요.
Okay, here it is. Enjoy the rest of your day.
여기 있습니다. 좋은 시간 되세요.
Thanks so much. You too!
고마워요.

I'd like you pay my bill.
계산 할게요.
Do you accept credit card?
신용카드 되나요?

May I have your card, please?
카드 주세요.

Can you sign here?
여기에 사인 부탁드립니다.

Here's your receipt and card Ma'am.
손님, 영수증과 카드 여기 있습니다.

예문 3

Excuse me. Can I have the bill?
여기요. 계산서 주세요.

Yes, Sir.
네 알겠습니다.

Please, wait a minute. I'll give you the bill.
잠시 기다리시면 가져다 드리겠습니다.

Here is your bill.
여기 있습니다.

You can keep the change.
잔돈은 넣어두세요.

Thank you so much. See you soon.
감사합니다. 또 뵙겠습니다.

The charge for your lunch is $30.
점심은 30불입니다.

The full amount is $78 including tax and service charge.
텍스와 세금 포함해서 78달러입니다.

Your bill comes to $64.
다해서 64달러입니다.

계산서 주세요.

- Could I have the check, please?
- We'll take the check.
- Can I have my bill?
- Can we have the bill, please?
- Could we get the bill?
- Could I have the bill, please?
- I am ready for my bill.
- Could we pay please?
- I am ready to pay, the bill.
- I would like my check, please.

카드 되나요?	• Do you accept credit cards?
현금 되나요?	• Do you accept in cash?
계산서 따로 주세요.	• Can we have separate checks?
따로 계산할게요.	• We're going to split the bill.
함께 계산할게요.	• Are you paying together?

다이얼로그 1
Getting the bill/check

Cashier: Can I help you?

John: Yes, could I have the bill, please?

Cashier: Of course. Here you are.

John: Thank you. I am ready to pay the bill.

Cashier: Of course, Sir. How would you like to pay cash or card?

John: In cash, please.

Cashier: That will be $80, please.

John: Here you are.

Cashier: Thank you. Here's your change and your receipt.

John: Thank you.

다이얼로그 1
Getting the bill/check 해석하기

Cashier: Can I help you?

무엇을 도와드릴까요?

John: Yes, could I have the bill, please?

네, 계산서 부탁해요.

Cashier: Of course. Here you are.

물론이죠. 여기 있습니다.

John: Thank you. I am ready to pay the bill.

고마워요, 계산할게요.

Cashier: Of course, Sir. How would you like to pay cash or card?

네, 손님. 지불은 카드나 현금이요.

Cashier: That will be $80, please.

80불 되겠습니다.

John: Here you are.

여기 있어요.

Cashier: Thank you. Here's your change and your receipt.

감사합니다. 잔돈과 영수증입니다.

John: Thank you.

감사합니다.

다이얼로그 1
Getting the bill/check 영작하기

무엇을 도와드릴까요?

(I, help,can, you, ?)

문장 완성:

네, 계산서 부탁해요.

(Yes, I, bill, have, could, the, please, ?)

문장 완성:

물론이죠. 여기 있습니다.

Of course. Here you are.

문장 완성:

고마워요,

Thank you.

계산할게요.

(am, pay, ready, I, to, the, bill)

문장 완성:

네, 손님.

Of course, Sir.

지불은 카드, 현금 중에 어떤 걸로 하시겠어요?

(would, pay, you, how, or, like, to, cash, card, ?)

문장 완성:

계속 ▶

현금이요.

In cash, please.

80불 되겠습니다.

That will be $80, please.

여기 있어요.

Here you are.

감사합니다.

Thank you.

잔돈과 영수증입니다.

(your, change, your, here's, and, receipt)

문장 완성:

감사합니다.

John: Thank you.

5. 손님 배웅하기

문장 패턴

또 오세요.

- See you soon.
- I look forward to seeing you.
- Thank you for visiting. Please come again.

~까지
배웅할게요.
I'll walk you~

- I will walk you to the entrance.
  입구까지 안내해 드릴게요.

- I will walk you to the lobby.
  로비까지 안내해 드릴게요.

- I will walk you to the elevator.
  엘리베이터까지 안내해 드릴게요.

- I will walk you to the parking lot.
  주차장까지 안내해 드릴게요.

6. 헤어질 때 사용하는 인사말(WAYS TO SAY GOODBYE)

- All the best, bye.

- Bye-bye!

- Catch up with you later.

- Farewell.

- Goodbye!

- I hope to see you soon.

- See you soon!

- I look forward to our next meeting.

- Bye for now.

- I must be going.

- I've got to get going.

- Take care!

- I've got to go now.

- Talk to you later!

- It has been a pleasure, we'll speak soon.

- I'm really going to miss you.

CAFE ENGLISH

CAFE ENGLISH

9장. 컴플레인 처리하기
Handling complaints

9장 컴플레인 처리하기 Handling complaints

학습목표

- 고객 컴플레인의 요인에 대해 학습하고 응대할 수 있다.
- 고객 컴플레인의 대처 요령에 대해 학습하고 응대할 수 있다.

"지난해에 1천만의 고객이 5명의 우리 스칸디나비아 항공의 직원과 접촉을 했다. 이 접촉은 매번 평균 15초 정도이지만 1년 동안, 5천만 번의 접점을 통해 우리는 고객의 마음에 스칸디나비아 항공의 이미지를 창조해 냈다. 궁극적으로 이러한 5천만 번의 진실의 순간을 통해서 우리 회사가 성공할 것인지 실패할 것인지가 결정될 것이다."

(얀 칼슨, 《고객을 순간에 만족시켜라: 진실의 순간》에서)

식음료 서비스의 특징은 무형성, 생산과 판매의 비분리성, 다양성, 매체성에 있습니다. 첫째, 무형성은 음식과 음료가 구매되기 전까지 서비스를 체험할 수 없습니다. 둘째, 생산과 판매가 동시에 한 장소에서 이루어지기 때문에 고객의 만나는 접점이 중요합니다. 셋째, 다양한 메뉴를 제공하기 때문에 식당의 종류에 따라 제공하는 종사원에 따라 서비스가 차이가 발생할 수 있습니다. 마지막으로 음식과 음료를 제공하는 인적매체가 필요합니다.

고객응대에서 가장 중요한 것은 바로 '진실의 순간'(MOT: Moment of truth)입니다. 고객과 서비스 종사원이 접촉하는 짧은 순간과 사건에 의해 해당 기업의 이미지와 서비스가 정해지기 때문에 MOT는 굉장히 중요한 개념입니다. MOT는 스페인 투우사가 소의 급소를 찌르는 순간을 의미하는 것에서 유래하였는데, 이 용어는 스칸디나비아 항공의 얀 칼슨 사장이 1987년 진실의 순간이라는 책을 펴내면서 널리 알려졌습니다.

"지난해에 1천만의 고객이 5명의 우리 스칸디나비아 항공의 직원과 접촉을 했다. 이 접촉은 매번 평균 15초 정도이지만 1년 동안, 5천만 번의 접점을 통해 우리는 고객의 마음에 스칸디나비아 항공의 이미지를 창조해냈다. 궁극적으로 이러한 5천만 번의 진실의 순간을 통해서 우리 회사가 성공할 것인지 실패할 것인지가 결정될 것이다."(얀 칼슨, 《고객을 순간에 만족시켜라: 진실의 순간》에서)

식음료 서비스를 하다 보면 고객의 불평과 불만에 마주칠 수밖에 없습니다. 마케팅적 관점에서 최상의 서비스를 경험했더라도 단 한 번의 불만족은 전체 서비스에 대한 만족도를 저하시키기 때문에 고객과 마주하는 15초 동안 최선의 서비스를 제공하는 것이 필요합니다. 가장 중요한 것은 고객이 불평하기 전에 사전에 예방하는 것이 중요하지만 불만이 발생했다면 다음의 3가지 단계를 적용해 보세요.

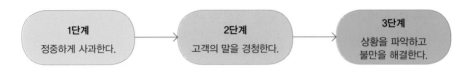

1단계
정중하게 사과한다.

2단계
고객의 말을 경청한다.

3단계
상황을 파악하고
불만을 해결한다.

1. 컴플레인의 원인

미국 컨슈머리포트에 따르면 레스토랑 고객의 불만은 더러운 식기 사용 76%, 지저분한 화장실 73%, 불친절한 종사원 72%, 메뉴 착오 62%, 메뉴판과 다른 음식 54%, 계산 착오 48% 등으로 나타났습니다.

서울시가 내놓은 '서울의 자랑스러운 한국음식점 운영 매뉴얼'에 의하면 고객이 불만족 요인으로 다음과 같은 요인이 꼽혔다고 합니다. 불만이 생겼을 때 진심으로 경청하고 문제를 바로 해결하는 태도가 중요합니다.

- 직원이 보이지 않고 불러도 대답이 없을 때
- 무표정한 서비스와 성의 없는 말투일 때
- 여러 번 요구한 사항임에도 늦게 대응할 때
- 실수 후에도 진심어린 사과의 말이 없을 때
- 음식이 입맛에 너무 맞지 않을 때
- 청결하지 않는 기물과 식기가 나올 때
- 음식에 성의가 없다고 느껴질 때
- 음식에서 이물질이 나왔을 때
- 화장실이 더럽고 비품의 작동이 안 될 때
- 일정하지 않고 기준도 없이 음식이 제공될 때
- 음식 설명도 없이 무표정하게 음식만 놓고 나가버릴 때
- 오직 매출만 생각하고 고객을 돈으로 바라볼 때
- 빨리 나가라는 눈치를 줄 때
- 종업원을 불러도 못 들은 척하고 있을 때
- 고객이 주문한 대로 음식이 나오지 않았을 때
- 어린이날, 크리스마스 등 특정일에 가격을 올려서 받을 때
- 고객을 가르치려는 태도를 보일 때

생각해 볼 문제 ?

- 여러분은 음식점이나 카페에서 불편이나 불만을 느낀 적이 있나요?
  _____

- 좋은 기억과 나쁜 사례가 있으면 적어보세요.
  _____

2. 고객 불만의 종류

1) 시간이 오래 걸리는 경우

- Excuse me, we have been here for half an hour already. Could you tell us when will it be ready?

  실례합니다. 30분 이상 기다렸어요. 언제 음식이 나오는지 알려주실 수 있나요?

- Excuse me. We have been waiting a really long time.

  저기요. 음식이 왜 이렇게 안 나오나요?

- The food is taking too long to arrive.

  음식이 나오려면 멀었나요?

2) 주문이 잘못 나온 경우

- Excuse me. We didn't order this.

  여기요. 이건 우리가 주문한 게 아닌데요.

- Excuse me. This is not what I ordered.

  실례합니다. 제가 주문한 음식이 아니에요.

- I am sorry, but I think I ordered waffles, not pancakes.

  실례합니다, 저는 팬케이크를 주문한 게 아니고 와플을 주문했는데요.

- I want to cancel this one.

  이거 취소해 주세요.

- Can I change my order, please?

  주문한 거 취소 가능한가요?

- I'm sorry, but can I change my order?

  미안한데요, 주문한 거 바꿔도 되나요?

- Excuse me. I think there has been a mistake. This is not what I ordered.

실례합니다. 뭔가 착오가 있는 거 같은데요. 이건 제가 주문한 게 아니에요.

3) 식기류의 불청결

- Excuse me. Could I have another fork? This one is not clean.

  실례합니다. 포크 교체해주시겠어요? 이건 청결하지 않아요.

- Excuse me. This plate is not clean.

  실례합니다. 접시에 뭐가 묻었어요.

- This dish is dirty.

  접시가 더러워요.

- This dish it cracked.

  접시에 금이 갔어요.

- This dish is spotted.

  접시에 뭐가 묻었어요.

4) 음식 맛

- Excuse me. My soup is too salty and cold.

  실례합니다. 스프가 짜고 식었어요.

- I'm sorry, but this is cold.

  저기요, 이게 식었어요.

- Excuse me. It's too spicy.

  실례합니다. 이 음식은 너무 매워요.

- Excuse me. The steak is undercooked.

  여기요. 스테이크가 덜 구워졌어요.

- Excuse me. The spaghetti is overcooked.

  실례합니다. 스파게티가 불었어요.

- Excuse me. The potatoes are hard.

실례합니다. 감자가 덜 익었어요.

- Could you warm this up more?

  이 음식 좀 데워 주시겠어요?

- Can you make this less spicy?

  좀 덜 맵게 해주시겠어요?

- My salad is very soggy.

  내 샐러드는 싱싱하지 않아.

- The vegetables are kind of mushy.

  채소가 물렀네.

- My fish has good seasoning but is a little dry.

  생선을 바짝 구워서 말랐어.

- The cake is too sweet for me.

  케이크가 너무 달다.

5) 계산 착오

- Excuse me. This bill is not right.

  실례합니다. 계산서가 틀린 것 같아요.

- Excuse me. These must have been a mistake. This is not our bill.

  죄송한데요. 착오가 있는 거 같아요. 우리가 먹은 계산서가 아니네요.

- Excuse me. There is something in our bill that we didn't order.

  실례합니다. 우리가 먹은 계산서가 아닌 것 같아요.

6) 서비스 미흡

- I apologize for all the troubles you have had.

  오늘 벌어진 상황에 대해 정중히 사과드립니다.

- This doesn't happen normally.

이런 일이 자주 발생하는 것은 아닙니다.

- Would you please accept a bottle of champagne on the house to reward you from the inconveniences of the dinner?

  저녁 식사에 불편을 겪으신 것에 대해 우리 식당에서 제공하는 샴페인을 받아주시겠습니까?

- Yes, of course. Thank you.

  물론이죠, 감사합니다.

불평처리 핵심 패턴

I'm so sorry. I'll change it for you **straightaway**.

I am terribly sorry. I'll bring your food **immediately**.

I am sorry. Let me change it for you.

Sorry Madam. We didn't expect so many customers today. I'll talk to the chef.

Sorry. I apologize on behalf of the kitchen. I will talk to the chef and have this replaced **immediately**.

I apologize. I will fetch you the correct one in a minute.

3. 기타 요청사항

- Do you have (free) wifi?

  와이파이를 사용할 수 있나요?

- What's the password (for the wifi)?

  (와이파이) 비밀번호가 무엇인가요?

CAFE ENGLISH

10장. 한식 서비스하기
How to serve Korean food

한식 서비스하기
How to serve Korean food

- 한식 메뉴명을 영어로 표기할 수 있다.
- 한식 메뉴를 영어로 설명할 수 있다.

K-푸드, K-컬쳐가 전 세계로부터 각광 받는 요즘 한국의 음식문화를 알고자 하는 외국인이 폭발적으로 증가하고 있습니다. 우리가 먼저 한식에 대해 잘 이해하고 있어야 한국을 찾는 외국인에게 한식을 잘 설명할 수 있습니다. 무엇보다 한식에 들어가는 재료와 조리법, 먹는 방법에 대해 이해하고 설명할 수 있다면 한국을 찾는 외국인들에게 최고의 서비스를 제공할 수 있을 것입니다. 한식이 건강식이라고 우리끼리 아는 것 보다는 한식의 장점을 알리는 것이 더 중요하지 않을까요?

1. 한식 상차림

1) 한정식 Han-jeongsik (KoreanTabled'hote)

The traditional han-jeongsik is a set meal with a number of side dishes served with rice and soup. In more modern restaurants, the meal is served in courses, including appetizers, rice as the main dish, various side dishes, and dessert.

2) 밥 Bap (CookedGrains)

Bap refers to boild grains, such as rice, barley, and beans. The grains are rinsed, placed in a heavy pot, covered with water, and cooked until the individual kernels absorb moisture without becoming too soft.

3) 국·탕 Guk and Tang (Soup)

Korean soups, called guk or tang, are made with a wide variety of ingredients, including meat, fish, shell fish, seaweed, and vegetables.

4) 찌개 Jjigae (Stews)

Jjigae is made with various ingredients, such as meat, fish, clams, tofu, and vegetables. It is thicker than soup(guk or tang) and is served boiling hot.

5) 찜 Jjim (Braised Dishes)

Jjim dishes are made by slowly braising or steaming seasoned meat, seafood, or vegetables in a sauce.

6) 조림 Jorim (Glazed Dishes)

Jorim refers to meat, fish, or vegetables seasoned and simmered in a sauce over a low flame until the sauce is reduced to a glaze.

7) 볶음 Bokkeum (Stir-Fried Dishes)

Bokkeum refers to meat, seafood, or vegetables seasoned and quickly stir-fried over a high flame.

8) 구이 Gui (Grilled Dishes)

Gui refers to grilled meat, fish, or vegetables. Gui can involved indirect grilling. It also has diverse variations, depending upon the seasonings used, such as salt, gochu-jang and ganjang.

9) 전 Jeon (Pan-Fried Delicacies)

Jeon refers to seafood, meat, or vegetables that are thinly sliced or chopped, seasoned and then coated with flour, and pan-fried in egg batter.

10) 김치 Kimchi (Fermented Vegetables)

Kimchi is a uniquely Korean side dish made by washing, draining, salting, seasoning, and fermenting vegetables.

11) 장·장아찌 Jang and Jangajji (Sauces and Pickles)

Jang refers to traditional fermented condiments made with soybean, such as ganjang, doenjang, and gochu-jang. Jangajji refers to vegetables pickled and fermented for preservation.

12) 젓갈 Jeotgal (Salted Seafood)

Jeotgal refers to salted and fermented meat, roe, or entrails of fish and shell fish.

13) 반찬 Banchan (Side Dish)

This is a generic term for all side dishes, that are served along with cooked rice.

14) 떡 Tteok (Rice Cake)

Tteok refers to powdered grains that are steamed and molded into various shapes. It is usually made using regular or sweet rice.

15) 한과 Hangwa (Korean Sweets)

Hangwa refers to traditional sweets made with powdered grains, honey, malt, and sugar. It is categorized into various types depending upon the ingredients and recipes used.

2. 대표 한식메뉴 설명

비빔밥(bibimbap) / Rice Mixed with Vegetables and Beef

메뉴 설명	• Bibimbap means mixed rice. • Rice topped with various cooked vegetables such as zucchini, mushrooms, and bean sprouts, plus beef and a fried egg. Served with gochujang(red chili paste).
먹는 법	• The ingredients are stirred together thoroughly just before eating. It can be served either cold or hot.

배추김치(baechu-kimchi) / Kimchi

메뉴 설명	• Kimchi is a traditional fermented Korean dish. • Cured and fermented Napa cabbage • Kimchi mixed with julienned white radish, green onion, garlic, ginger, red chili powder, salt and anchovy sauce. • This is the most common kind of Kimchi.
먹는 법	• It is the most common banchan or side dish, in Korean Cuisine. • Kimchi is also a main ingredient for many popular Korean dishes such as Kimchi stew(김치찌개).

삼계탕(samgyetang) / Ginseng Chicken Soup

메뉴 설명	• Samgyetang is a variety of Korean soup. • Whole young chicken stuffed with ginseng, sticky rice, Korean dates(jujubes), and garlic. It is widely recognized as an energy-boosting meal during the summer.
먹는 법	• When you eat this, season it with salt and pepper. • Discard the bones.

불고기(bulgogi) / Barbecued beef

메뉴 설명	• Bulgogi is a very famous Korean dish. • Thin slices of beef marinated in a soy sauce and usually grilled at the table.
먹는 법	• It is served with lettuce. • Wrap the beef with lettuce with Ssamjang, Korean bean paste.

구절판(gujeolpan) / Platter of Nine Delicacies

메뉴 설명	• A colorful platter of 8 julienned vegetables and beef, served with crepes in the center. • It comes with a vinegared soy sauce or mustard dip.
먹는 법	• Place any of the ingredients on the crepe. Don't over fill it. • Wrap using your chopsticks. • Dip in mustard sauce. • This dish was usually enjoyed by royalty. • It embodies the Korean ideal of balanced and harmony.

파전(pajeon) / Green Onion Pancake

메뉴 설명	• A colorful Korean pancake consisting of green onion, squid, shrimp, and oyster. • It comes with a vinegared soy sauce dip.
먹는 법	• Pajeon is Korean Fried pancake made with green onion. • First, tear apart with chopsticks. • Dip Pajeon in sauce, eat with side dishes. • Pajeon tastes great with Makgeolli, Korea's rice wine. • Pajeon is great on rainy days.

보쌈(Bossam) / Napa Wraps with Pork

메뉴 설명	• Boiled pork wrapped in cabbage leaves with a spicy relish made of sliced radish. The meat may also be dipped in salted shrimp sauce and wrapped in cabbage or bossam kimchi leaves.
먹는 법	• Dip pork slice in shrimp sauce and eat with vegetables. • Or wrap pork with garlic, pepper, dip, radish salad, and eat. • Don't make too big. • Pork and seafood go well together. • Add fresh oysters when in season.

물냉면 Mul-naengmyeon(chilled buckwheat noodle soup)

메뉴 설명	• Buckwheat noodles served in chilled soup made of dongchimi (radish kimchi) liquid and beef broth. The noodle is garnished with white radish and Asian pear slices and seasoned with mustard and vinegar.
먹는 법	• Use the scissors to cut the noodles in a cross pattern to make them easier to eat. • Flavor with a little vinegar and mustard.

김밥 Gimbap

흰밥을 소금과 참기름으로 밑간한 뒤 살짝 구운 김 위에 얇게 펼쳐 놓고 시금치, 당근, 단무지, 고기 볶음 등을 넣어 둘둘 말아 알맞은 크기로 썰어 먹는 음식이다.

Rice seasoned with salt and sesame oil and rolled up in a sheet of roasted gim (dried laver) with spinach, carrots, and pickled white radish. The long roll is sliced and served in bite-size pieces.

김치볶음밥 Kimchi Fried Rice

김치를 잘게 썰어 밥과 함께 프라이팬에 올린 뒤 볶은 음식이다. 식성에 따라 소고기나 돼지고기, 채소 등을 함께 넣고 볶아 먹는다.

Rice fried with finely chopped kimchi. Beef, pork, onions, green onions, and other vegetables may be added according to taste.

누룽지 Scorched Rice

밥을 다 짓고 난 후 뜸을 조금 오래 들이면 솥 밑바닥에 밥이 눌어붙게 되는데 이것을 누룽지라 한다. 맛이 고소해 간식으로 먹기도 하고, 물을 붓고 끓여 숭늉으로 먹기도 한다.

The thin crust of overcooked rice left at the bottom of a heated rice pot. Its savory taste makes it ideal to be eaten as a crispy snack or used to make a rice tea.

쌈밥 Leaf Wraps and Rice

푸성귀와 해조류를 깨끗이 씻어 넓게 편 다음 밥과 양념장을 올려 싸 먹는 음식이다. 상추, 깻잎, 배춧잎, 호박잎, 양배추, 김, 미역, 다시마 등이 주요 쌈 재료다.

Steamed rice wrapped in leafy vegetables or seaweed with seasoned sauce. Lettuce, perilla leaves, napa cabbage, squash leaves, cabbage, dried laver, brown seaweed, and kelp may be served as wraps.

제육덮밥 Spicy Stir-fried Pork with Rice

얇게 썬 돈육을 고추장 양념하여 채소와 함께 볶아 국물이 자작하게 있도록 하여 밥 위에 올린다. 특별한 반찬 없이도 한 끼 식사로 충분하여 바쁜 직장인들에게 인기가 좋다

This dish consists of thinly sliced pork stir-fried with vegetables and gochujang (red chili paste) and served on rice. It is popular among busy office workers as the dish is large enough that is doesn't require side dishes.

콩나물국밥 Bean Sprout and Rice Soup

삶은 콩나물과 밥에 육수를 붓고 끓인 음식으로, 새우젓으로 간을 맞춰 먹는다. 해산물을 우린 국물을 사용하면 맛이 더욱 개운하다.

Soybean sprouts and rice simmered together in a broth and seasoned with salted shrimp at the table. Using a seafood stock will yield an even richer, more flavorful dish.

비빔국수 Spicy Noodles

삶아서 물기를 뺀 국수에 소고기, 계란지단, 오이, 미나리, 깻잎 등의 채소를 넣고 새콤달콤한 초고추장이나 간장 양념장에 비벼 먹는 음식이다.

Chilled noodles served with beef, egg garnish, cucumber, Korean parsley, and perilla leaves. The noodles, garnishes and vegetables are mixed together with a vinegar-based gochujang sauce or seasoned soy sauce.

비빔냉면 Spicy Buckwheat Noodles

메밀로 만든 면을 삶아 찬물에 헹궈 물기를 뺀 다음 소고기나 홍어회무침, 무, 오이, 삶은 계란 등을 얹고 고추장 양념장에 비벼 차갑게 먹는 음식이다.

Chilled buckwheat noodles garnished with cold slices of beef, fresh skate, and radish or cucumber. Served with a spicy gochujang mixing sauce.

잔치국수 Banquet Noodles

삶은 국수에 고명을 얹고 멸치장국을 부어낸 국수로 예로부터 결혼식, 생일, 환갑 등 잔치 때 손님을 대접하는 대표 음식이다.

Noodles in hot anchovy broth with colorful garnishes. Typically served at weddings, birthdays, and other festive occasions.

갈비탕 Short Rib Soup

핏물을 뺀 소갈비를 무와 함께 푹 끓인 음식으로 맑은 국물이 구수하고 갈비를 뜯어 먹는 맛이 쏠쏠하다.

Beef ribs, soaked in cold water to remove the blood, and white radish chunks simmered together until tender. The clear stock is rich and savory, and the tender meat falls off the bone. (Glass noodles may be added.)

떡국 Sliced Rice Cake Soup

쌀로 만든 가래떡을 얇게 썰어 육수에 넣고 끓인 음식으로 설날에 즐겨 먹는다. 소고기를 넣고 끓인 맑은 장국이 많이 쓰이고 닭고기나 해물을 넣기도 한다.

Chilled buckwheat noodles garnished with cold slices of beef, fresh skate, and radish or cucumber. Served with a spicy gochujang mixing sauce.

미역국 Seaweed Soup

소고기나 홍합, 멸치 국물에 미역을 넣고 끓인 맑은 국이다. 미역은 요오드와 칼슘이 풍부해 산모들에게 좋은 식품이며 생일날에는 꼭 미역국을 끓여 먹는다.

Miyeok (brown seaweed) simmered in clear beef, mussel, or anchovy broth. Miyeok is rich in iodine and calcium and is known to be particularly beneficial for postpartum mothers, which is one reason Koreans eat Miyeok-guk on birthdays as well as for other meals.

북엇국 Dried Pollack Soup

잘게 뜯은 북어를 참기름에 볶은 뒤 물을 붓고 맑게 끓인 국으로 계란을 풀어 넣기도 한다. 알코올 해독을 돕기 때문에 해장국으로 즐겨 먹는다.

A clear fish soup made with dried pollack. The dried flesh is shredded and sautéed in sesame oil before water is added. A beaten egg is sometimes dropped into the boiling soup. Reputed to be the best cure for hangovers, as it helps the body detoxify itself of alcohol.

육개장 Spicy Beef Soup

소 양지머리와 곱창, 무 등을 푹 삶은 뒤 대파, 토란 대, 고사리 같은 채소를 넣고 고춧가루로 매콤하게 양념한 음식이다.

A soup made of beef brisket and innards, radish, leek, taro stems, and fiddleheads. Seasoned with red chili pepper for a spicy flavor.

김치찌개 Kimchi Stew

신 김치를 이용한 국물요리다. 김치의 양념을 털어내고 돼지고기나 어패류, 두부, 굵게 썬 파 등을 함께 넣어 얼큰하게 끓인 음식이다.

A spicy stew made with sour kimchi, fatty pork, shellfish, and chunks of tofu and green onion. Served hot with steamed rice.

된장찌개 Soybean Paste Stew

육수에 된장을 풀고 고기나 조개류, 두부, 애호박 등을 넣어 끓인 음식이다. 국물이 걸쭉하고 여러 가지 재료가 어우러져 밥을 비벼 먹기에 좋다

Doenjang-seasoned stew made with anchovy broth, fish or clams, and summer squash. The broth is thick and flavorful, and good for mixing with rice.

부대찌개 Sausage Stew

햄과 소시지를 주재료로 하여 김치, 돼지고기, 두부 등을 한데 넣고 육수를 부어 얼큰하게 끓인 음식이다. 라면을 넣어 먹기도 한다.

A fusion dish made with ham, sausage, kimchi, pork, and tofu. Everything is combined and cooked in a spicy broth. Oftentimes, ramen noodles are added to the simmering stew.

순두부찌개 Soft Tofu Stew

뚝배기에 순두부, 소고기나 조개류, 채소를 넣고 육수를 부어 끓인 음식으로 계란을 넣기도 한다. 얼큰하게 또는 맑게 즐긴다.

Soft tofu stew with beef, fish, or clams in anchovy stock. A raw egg may be added to the hot stew. Ranges from extra spicy to mild.

신선로 Royal Hot Pot

가운데 숯불을 담는 통이 있는 신선로라는 탕기에 고기와 해산물, 채소 등을 이용하여 전을 부쳐서 둘러 담고 육수를 부어 즉석에서 끓여 먹는다. 대표적인 궁중음식이다.

A hot pot of seafood, meat, and vegetables cooked at the table in a brass sinseollo pot over hot charcoals in a central cylinder. A dish representative of royal cuisine.

갈비찜 Braised Short Ribs

소나 돼지 갈비를 물에 담가 핏물을 없애고 지방을 제거하여 당근과 밤, 은행 등을 섞어 간장을 비롯한 갖은 양념을 하여 부드럽게 조려낸 음식이다.

Beef short ribs, trimmed of fat, seasoned in sweet soy sauce, and braised until tender with carrots, chestnuts, ginko nuts, and other vegetables.

계란찜 Steamed Eggs

계란을 풀어 버섯, 어묵 등을 넣고 새우젓이나 소금으로 간하여 찐 음식이다. 색깔도 곱고 식감이 가벼우며 부드러워 특별히 어린아이나 노인들이 좋아 한다.

Similar to egg soufflé, this steamed egg dish is made with eggs well mixed with chopped mushroom, fishcake, and other ingredients, and seasoned with saujeot (salted shrimp) or salt. Its soft texture and beautiful color are particularly appealing to children and elderly people.

순대 Korean Sausage

돼지 곱창에 당면, 채소, 찹쌀, 선지 등을 섞어 양념한 소를 채워 넣고 수증기에 찐 음식이다.

Pork intestines stuffed with glass noodles, vegetables, sweet rice, coagulated pig blood (seonji) and steamed.

족발 Pigs' Feet

돼지 족에 간장과 생강, 마늘, 양파를 넣고 조려 먹기 좋게 썰어낸 음식이다.

Pig's feet glazed in a soy sauce with ginger and garlic. Served off the bone and thinly sliced. The high gelatin content of Jokbal helps to maintain healthy and youthful complexion.

궁중떡볶이 Royal Stir-fried Rice Cake

가래떡을 적당한 크기로 잘라 소고기와 표고버섯, 양파, 당근 등을 넣고 볶다가 간장, 설탕 등을 넣어 익힌 음식으로 궁중에서 먹던 떡볶이다.

Long cylinder-shaped tteok (garae-tteok) cut into pieces and stir-fried with beef, shiitake mushrooms, onion and carrots in a sweet soy sauce mixture. A dish traditionally served in the royal court.

떡볶이 Stir-fried Rice Cake

한입 크기로 썬 가래떡이나 가늘게 뽑은 떡볶이용 떡에 채소, 어묵을 함께 넣고 고추장 양념으로 볶은 음식이다.

Sliced rice cake bar (garae tteok) or thin rice cake sticks (tteok-bokki tteok) stir-fried in a spicy gochujang sauce with vegetables and fishcakes.

닭갈비 Spicy Stir-fried Chicken

닭고기를 고추장 양념장에 재웠다가 뜨겁게 달군 팬에 기름을 두르고 양배추, 고구마, 당근, 떡과 함께 볶아 먹는 강원도 춘천의 향토 음식이다.

Chicken pieces marinated in a gochujang sauce, and stir-fried in a flat grill pan with cabbage, sweet potato, carrots, or tteok (rice cakes). A local dish of Chuncheon city in Gangwon Province.

떡갈비 Grilled Short Rib Patties

갈비살을 곱게 다져 간장, 다진 마늘 등으로 갖은 양념하여 치댄 뒤 갈비뼈에 도톰하게 붙여 남은 양념장을 발라가며 구워 먹는 음식이다. 부드럽고 쫄깃한 맛이 특징이다.

Minced beef rib meat seasoned with garlic and soy sauce, molded around the bone and chargrilled while brushing with a soy sauce mixture. It is characterized by its soft yet chewy texture.

양념갈비 Marinated Grilled Beef or Pork Ribs

우리나라를 대표하는 요리로 숯불에 구워먹으면 불 맛과 고기의 조화가 매우 좋다. 소갈비는 대체로 간장 양념으로 하며 돼지갈비는 고추장 양념으로 재워 구워 먹는다.

One of the most popular Korean dishes, this dish of marinated beef or pork ribs tastes excellent when grilled. The beef ribs are marinated in soy sauce, while the pork ribs are marinated in seasoned gochujang.

감자전 Potato Pancakes

감자를 강판에 간 건더기와 가라앉은 앙금에 소금을 넣어 지진 전이다. 불린 멥쌀 간 것을 섞거나 당근, 양파, 부추 등을 넣기도 한다.

Grated potato mixed with seasoning and shallow-fried on a griddle. The potato starch sediment is also salted and added to the batter. Ground rice can be added as well as carrots, onion, or chives.

빈대떡 Mung Bean Pancake

명절이나 잔칫상에 빠지지 않는 음식으로 녹두부침, 빈자떡이라고도 한다. 물에 불려 껍질을 벗긴 녹두를 맷돌에 갈아 여러 가지 채소를 넣고 부친 전이다.

This is one of the mandatory dishes on traditional holidays or special festive occasions. Also called Nokdu-jijim or Binja-tteok, Bingdae-tteok is made by peeling and soaking mung beans, grinding them, and then pan-frying with various vegetables.

육회 Beef Tartare

소의 살코기를 가늘게 썰어 간장이나 고추장을 넣고 다진 마늘, 참기름, 설탕으로 버무린 다음 채 썬 배와 함께 먹는 날 음식이다. 계란노른자를 곁들여 섞어 먹기도 한다.

Thinly-sliced lean cut of raw beef seasoned with soy sauce or gochujang, sesame oil and sugar and mixed with julienned Asian pear. Sometimes topped with an egg yolk.

겉절이 Fresh Kimchi

배추, 상추 등을 소금에 잠깐만 절이거나, 그대로 간장, 고춧가루, 참기름 등의 양념에 무쳐 먹는 즉석 김치다. 풋풋한 맛이 있으며 김치 중 유일하게 참기름이 들어간다.

Lightly salted Napa cabbage or lettuce mixed with soy sauce, red chili pepper, and sesame oil and served. With a refreshing taste, it is the only kimchi seasoned with sesame oil.

설렁탕 Ox Bone Soup

소머리, 우족, 소고기, 뼈, 내장 등을 함께 넣고 오랜 시간 푹 고아 만든 탕이다. 국물이 뽀얗고 맛이 진하며 보양식으로 알려져 있다.

A savory soup made of ox head, feet, meat, bones, and innards. Hour, and sometimes days, of slow simmering produces the milky white broth and concentrated flavor.

3. 한식 디저트

경단 Sweet Rice Balls

찹쌀이나 찰수수 가루를 반죽해 밤톨만 한 크기로 둥글게 빚어 끓는 물에 삶은 다음 여러 가지 고물을 묻혀 만든 떡이다. 고물 종류에 따라 깨경단, 팥경단, 밤경단 등으로 불린다.

Sweet rice or glutinous millet powder shaped into small balls, boiled in water and coated in dressing powder (gomul). Called sesame gyeongdan, red bean gyeongdan, or chestnut gyeongdan, depending on the dressing powder.

백설기 Snow White Rice Cake

멥쌀가루에 설탕물을 섞어 체에 내린 뒤 고물 없이 시루에 안쳐 쪄낸 흰떡. 깨끗하고 신성한 음식이라는 뜻에서 아이의 백일이나 첫돌 잔치 때 만들어 먹는다.

Powdered rice mixed with sugared water, sifted, and steamed in a siru (earthenware steamer) without any dressing powder. Due to its white color, believed to symbolize innocence and purity, 'beakseolgi' is traditionally prepared to celebrate a baby's 100th day or first birthday.

송편 Half-moon Rice Cake

멥쌀가루를 뜨거운 물로 반죽한 뒤 깨, 밤, 콩 등의 소를 넣고 모양을 빚어 만든 떡이다. 추석 때 먹는 명절 음식으로 솔잎을 켜마다 깔고 쪄내기 때문에 송편이란 이름이 생겨났다.

This is made by filling half-moon-shaped rice dough, made by mixing non-glutinous rice powder with warm water, with a mixture of sesame seeds, chestnuts, and beans, among others. The quintessential snack during Chuseok, Songpyeon, literally meaning "pine rice cake" in Korean, is named thus as it is steamed over a layer of pine ("song" in Korean) needles.

약식 Sweet Rice with Nuts and Jujubes

찹쌀을 물에 불려 시루에 찐 다음 간장을 비롯한 꿀, 설탕 등의 양념을 고루 섞어 버무려 다시 시루에 찐 음식이다. 찌는 떡 중에서 유일하게 찹쌀을 통으로 사용한다.

Steam-cooked sweet rice mixed with chestnuts, jujubes, pine nuts, sesame oil, honey, brown sugar, or soy sauce, and re steamed to achieve a sticky texture.

강정 Sweet Rice Puffs(cereal bar)

튀긴 쌀, 콩 또는 볶은 깨를 되직한 물엿에 버무려 굳힌 후 여러 모양으로 썬 전통 과자이다.

This is a traditional Korean confectionery that is made by mixing puffed rice, beans, or toasted sesame seeds with a starch syrup. The mixture is rolled flat, allowed to harden, and then cut into various shapes.

약과 Honey Cookie

밀가루를 꿀과 참기름으로 반죽해 약과 판에 박아 모양을 만들어 기름에 지지거나 튀긴 다음 계핏가루를 넣은 조청이나 꿀에 담갔다가 잣가루를 뿌린다.

Flour mixed with honey and sesame oil, pressed in a yakgwapan (yakgwa mold), shallow-fried or deep-fried, dipped in grain syrup or honey, and sprinkled with chopped pine nuts.

매실차 Green Plum Tea

제철에 딴 매실에 같은 양의 설탕을 섞어 서늘한 곳에서 발효시킨 다음 건더기를 건져내고 시원한 곳에 숙성시켰다가 뜨거운 물이나 찬물을 섞어 차로 마신다.

Tea made of green plum syrup, served hot or cold. The syrup is made in spring by mixing fresh green plums with an equivalent amount of sugar, leaving it in a cool place, and straining the liquid after it ferments.

수정과 Cinnamon Punch

계피와 생강을 달인 물에 설탕이나 꿀을 섞은 뒤 차게 식혀 마신다. 마실 때는 수정과에 불린 곶감을 넣고 잣을 띄워 먹는다.

A cool drink of simmered fresh ginger and cinnamon sweetened with sugar or honey. Served with softened, dried persimmons and pine nuts.

식혜 Sweet Rice Punch

밥을 엿기름물로 삭힌 다음 설탕을 넣고 끓여 달콤하게 만든 음료로 차갑게 즐긴다. 밥알을 띄워서 마시면 식혜, 밥알을 걸러내고 마시면 감주라고 부른다.

A traditional dessert beverage made by fermenting rice in malt. Always served cold, it also is called dansul or gamju.

4. 한식메뉴 영문 명칭

1) 밥[BAP] Cooked Grains

김밥[Gimbap]	Rice roll
김치볶음밥[Kimchi-bokkeum-bap]	Kimchi FriedRice
누룽지[Nurungji]	Scorched Rice
돌솥비빔밥 [Dolsot-bibimbap]	Hot StonePot Bibimbap
밥[Bap]	Rice

비빔밥〔Bibimbap〕	Bibimbap
순댓국밥〔Sundae-gukbap〕	Korean Sausage and Rice Soup
쌈밥〔Ssambap〕	Leaf Wraps and Rice
잡곡밥〔Japgok-bap〕	Multi-grain Rice
콩나물국밥〔Kong-namul-gukbap〕	Bean Sprout and Rice

2) 죽[JUK] Porridge

잣죽〔Jatjuk〕	Pine Nut Porridge
전복죽〔Jeonbok-juk〕	Abalone Rice Porridge
팥죽〔Patjuk〕	Red Bean Porridge
호박죽〔Hobak-juk〕	Pumpkin Porridge

3) 면[MYEON] Noodles&Dumplings

막국수〔Mak-guksu〕	Buckwheat Noodles
만두〔Mandu〕	Dumplings
물냉면〔Mul-naengmyeon〕	Cold Buckwheat Noodles
비빔국수〔Bibim-guksu〕	Spicy Noodles
비빔냉면〔Bibim-naengmyeon〕	Spicy Buckwheat Noodles
잔치국수〔Janchi-guksu〕	Banquet Noodles
칼국수〔Kal-guksu〕	Noodle Soup
콩국수〔Kong-guksu〕	Noodles in Cold Soybean Soup

4) 국 · 탕[GUK·TANG] Soups

갈비탕〔Galbi-tang〕	ShortRib Soup
감자탕〔Gamja-tang〕	Pork Back-bone Stew
곰탕〔Gomtang〕	Beef Bone Soup

된장국(Doenjang-guk)	Soybean Paste Soup
떡국(Tteokguk)	Sliced Rice Cake Soup
만둣국(Mandu-guk)	Dumpling Soup
매운탕(Maeun-tang)	Spicy Fish Stew
미역국(Miyeok-guk)	Seaweed Soup
삼계탕(Samgye-tang)	Ginseng Chicken Soup
설렁탕(Seolleongtang)	Ox Bone Soup
육개장(Yukgaejang)	Spicy Beef Soup
해물탕(Haemul-tang)	Spicy Seafood Stew

5) 찌개[JJIGAE] Stews

김치찌개(Kimchi-jjigae)	Kimchi Stew
된장찌개(Doenjang-jjigae)	Soybean Paste Stew
부대찌개(Budae-jjigae)	Sausage Stew
순두부찌개(Sundubu-jjigae)	Soft Tofu Stew

6) 전골[JEONGOL] HotPots

곱창전골(Gopchang-jeongol)	Beef Tripe Hot Pot
두부전골(Dubu-jeongol)	Tofu Hot Pot
만두전골(Mandu-jeongol)	Dumpling Hot Pot
버섯전골(Beoseot-jeongol)	Mushroom Hot Pot
신선로(Sinseollo)	Royal Hot Pot

7) 찜[JJIM] Braised Dishs

갈비찜(Galbi-jjim)	Braised Short Ribs
계란찜(Gyeran-jjim)	Steamed Eggs

닭볶음탕(Dak-bokkeum-tang)	Braised Spicy Chicken
수육(Suyuk)	Boiled Beef or Pork Slices
순대(Sundae)	Korean Sausage
족발(Jokbal)	Pigs'Feet
해물찜(Haemul-jjim)	Braised Spicy Seafood

8) 조림[JORIM] Glazed Dishes

갈치조림(Galchi-jorim)	Braised Cutlass fish
감자조림(Gamja-jorim)	Soy Sauce Braised Potatoes
고등어조림(Godeungeo-jorim)	Braised Mackerel
두부조림(Dubu-jorim)	Braised Tofu
장조림(Jang-jorim)	Soy Sauce Braised Beef

9) 볶음[BOKKEUM] Stir-Fried Dishes

궁중떡볶이(Gungjung-tteok-bokki)	Royal Stir-fried Rice Cake
낙지볶음(Nakji-bokkeum)	Stir-fried Octopus
떡볶이(Tteok-bokki)	Stir-fried Rice Cake
오징어볶음(Ojingeo-bokkeum)	Stir-fried Squid
제육볶음(Jeyuk-bokkeum)	Stir-fried Pork

10) 구이[GUI] Grilled Dishes

고등어구이(Godeungeo-gui)	Grilled Mackerel
곱창구이(Gopchang-gui)	Grilled Beef or Pork Tripe
너비아니(Neobiani)	Marinated Grilled Beef Slices
닭갈비(Dak-galbi)	Spicy Stir-fried Chicken
돼지갈비구이(Dwaeji-galbi-gui)	Grilled Spareribs

떡갈비[Tteok-galbi]	Grilled Short Rib Patties
불고기[Bulgogi]	Bulgogi
삼겹살[Samgyeopsal]	Grilled Pork Belly
생선구이[Saengseon-gui]	Grilled Fish
소갈비구이[So-galbi-gui]	Grilled Beef Ribs
장어구이[Jangeo-gui]	Grilled Eel
황태구이[Hwangtae-gui]	Grilled Dried Pollack

11) 전[JEON] Pan-Fried delicacies

감자전[Gamja-jeon]	Potato Pancakes
계란말이[Gyeran-mari]	Rolled Omelette
김치전[Kimchi-jeon]	Kimchi Pancake
녹두전[Nokdu-jeon]	Mung Bean Pancake
부각[Bugak]	Vegetable and Seaweed Chips
빈대떡[Bindae-tteok]	Mung Bean Pancake
생선전[Saengseon-jeon]	Pan-Fried Fish Fillet
해물파전[Haemul-pajeon]	Seafood an dGreenOnion Pancake

12) 회[HOE] Raw Dishes

| 생선회[Saengseon-hoe] | Sliced Raw Fish |
| 육회[Yukhoe] | Beef Tartare |

13) 김치[KIMCHI] Fermented Vegetables

겉절이[Geot-jeori]	Fresh Kimchi
깍두기[Kkakdugi]	Diced Radish Kimchi
나박김치[Nabak-kimchi]	Water Kimchi

동치미(Dongchimi)	Radish Water Kimchi
배추김치(Baechu-kimchi)	Kimchi/
백김치(Baek-kimchi)	White Kimchi
보쌈김치(Bossam-kimchi)	Wrapped Kimchi
열무김치(Yeolmu-kimchi)	Young Summe rRadish Kimchi
오이소박이(Oi-so-bagi)	Cucumber Kimchi
총각김치(Chonggak-kimchi)	Whole Radish Kimchi

14) 장·장아찌[JANG·JANGAJJI] Sauces and Pickles

간장(Ganjang)	Soy Sauce
고추장(Gochu-jang)	Red Chili Paste
된장(Doenjang)	Soybean Paste
양념게장(Yangnyeom-gejang)	Spicy Marinated Crab
장아찌(Jangajji)	Pickled Vegetables

15) 반찬[BANCHAN] SideDish

구절판(Gujeol-pan)	Platter of Nine Delicacies坂
김(Gim)	Laver
나물(Namul)	Seasoned Vegetables
잡채(Japchae)	Stir-fried Glass Noodles and Vegetables
젓갈(Jeotgal)	Salted Seafood

16) 떡[TTEOK] Rice cake

경단(Gyeongdan)	Sweet Rice Balls
백설기(Baek-seolgi)	Snow White Rice Cake
송편(Songpyeon)	Half-moon Rice Cake

약식〔Yaksik〕   Sweet Rice with Nuts and Jujubes

17) 한과〔HANGWA〕 Korean Sweets

강정〔Gangjeong〕   Sweet Rice Puffs

다식〔Dasik〕   Tea Confectionery

약과〔Yakgwa〕   Honey Cookie

18) 음청류〔EUMCHEONG-RYU〕 Non-alcoholic beverages

매실차〔Maesil-cha〕   GreenPlumTea

수정과〔Sujeonggwa〕   Cinnamon Punch

식혜〔Sikhye〕   Sweet Rice Punch

오미자화채〔Omija-hwachae〕   Omija Punch

유자차〔Yuja-cha〕   Yuzu Tea

현미차 〔Hyunmi-cha〕   Toasted rice flake tea

19) 술 alcoholic beverages

막걸리 〔Makgeoli〕   Korean fermented rice wine

소주 〔Soju〕   Korean distilled alcohol

CAFE ENGLISH

11장. 요리상식
Food for thought

요리상식 Food for thought

- 음식서비스를 위해 미묘한 표현의 차이를 익힐 수 있다.
- 음식문화에 관련한 상식을 학습하고 설명할 수 있다.

양질의 서비스를 제공한다는 것은 단어 선택이나 다른 문화와의 차이점을 숙지하고 서비스에 활용한다는 것입니다. 항상 우리의 문화와 다른 문화가 왜 다른지 호기심을 가지고 관찰하는 습관을 가지는 것이 중요합니다. 관찰은 배려를 통해 서비스의 질을 높입니다.

1. 음식서비스를 위한 표현의 차이

1) 헷갈리는 표현

thank 감사합니다.	appreciate(정중한) 감사합니다.
Excuse me. 실례합니다. please say again, please?	Pardon me?(정중한) 실례합니다.
clean 깨끗하게 하다.	polish 윤이 나게 닦다.
dip 되직한 소스	sauce 흐르는 농도

깜짝 퀴즈?

dish와 plate의 차이점에 대해 조사해보세요.

답: _____

2) '먹다'를 표현하는 단어

Munch
와작와작 씹다

Bite
물다

Chew
씹다

Gorge
포식하다

Gobble
개걸스럽게 먹다

Swallow
삼키다

Silp
홀짝이다

Gnaw
앞니로 갈아먹다

Lick
핥아먹다

Suck
빨아먹다

Eat 먹다   Try 시도해보다   Dine 잘 차려진 음식을 먹다   Have 먹다   Drink 마시다

3) 온도를 나타내는 표현

Hot	뜨거운
Very hot	매우 뜨거운
Extremely hot	엄청나게 뜨거운
Pan smoking hot	팬에서 기름이 타서 연기가 날 정도로 뜨거운
Sizzling hot	겉에 갈색으로 구워질 만큼 뜨거운, 지글지글
Boiling hot	물이 끓을 만큼 뜨거운, 부글부글
Warm	따뜻한
Lukewarm	미지근한
Room temperature	실(상)온
Cool	서늘한
Cold	차가운, 찬

4) 재료에 따른 밥의 종류

주재료	부재료		한글 명칭	영어 패턴
쌀	곡류	흰쌀 white rice	쌀밥	Cooked rice
		현미 brown rice	현미밥	Cooked brown rice
		찹쌀 glutinous rice	찹쌀밥	Cooked glutinous sweet rice
		콩 soy bean	콩밥	Cooked rice with soy bean
		팥 red bean	팥밥	Cooked rice with red bean
		보리 barley	보리밥	Cooked barley
	채소	콩나물 bean sprouts	콩나물밥	Cooked rice with bean sprouts
		무 radish	무밥	Cooked rice with radish

2. 요리상식

1) 리조또, 빠에야

리조또는 이태리 북부지역을 대표하는 음식으로 쌀을 볶다가 뜨거운 육수를 천천히 부어가면서 익히는 조리법으로 부드러운 질감을 갖는 음식입니다. 빠에야는 빠에야 팬에 오일을 두르고 볶다가 쌀을 넣고 닭고기 또는 해산물을 넣어 낮은 불에 익히는 음식입니다.

2) Stocks과 broths의 차이점

Stock과 broth는 유사한 조리법과 시간이라는 공통점이 있습니다. 다른 음식에 사용하기 위해 국물을 내는 것을 stock라고 합니다. Broth는 그냥 마실 수 있는 것이고 stock은 그것으로 다른 걸 만들기 위한 바탕이 되는 액체입니다. 따라서 한식에서 말하는 육수는 그대로 마실 수 있기 때문에 broth에 가깝지요. 또한 사용하는 재료에 따라 소고기 육수, 닭 육수, 멸치육수, 채소 육수 등으로 구분할 수 있습니다.

3) 생채

생채는 생 채소에 양념을 바로 해서 바로 먹는 것으로 여러 가지 생 채소에 소스를 얹어서 먹는 서양의 샐러드와 비슷하다고 할 수 있습니다. 생채의 양념에는 주로 식초가 기본으로 들어가고 기름을 적게 쓰는 것이 특징입니다. 생 채소를 양념한 것으로 미리 무쳐 놓으면 물이 많이 생겨 맛과 모양이 나빠지므로 먹기 직전에 무치는 것이 좋습니다.

---

*고사리? 먹을 수 있는 건가요?

산나물은 기른 나물에 비해 억세고 쌉쌀해 대부분 데치거나 삶아 쓴맛을 우려낸 다음 무쳐야 합니다. 특히 서양에서는 고사리를 독이 있는 풀로 분류합니다.

4) 김치

(1) 겉절이(geotjeori)

겉절이(geotjeori)는 fresh seasoned kimchi라고 합니다. 겉절이는 상에 오르기 직전에 배추에 양념을 섞어서 샐러드처럼 먹을 수 있는 김치로, 익은 김치에 익숙하지 않은 외국인들도 쉽게 즐길 수 있습니다. 일반적인 김치와 달리 참기름과 깨소금을 넣은 것이 특징입니다.

(2) 일본의 절임음식 vs 한국의 김치

일본은 쯔케모노(sukemono, 절임음식)라고 하여 채소를 소금, 쌀겨, 미소, 간장, 술지게미 등의 '쓰케도코(漬け床)'나 조미액에 절여 보존성을 높인 음식이라면, 한국의 김치는 채소와 단백질 성분이 포함된 젓갈, 굴 등을 넣어 함께 발효시킨다는 점에서 차이가 있습니다.

CAFE ENGLISH

A small coke without ice, please
작은 사이즈 콜라, 얼음 빼고 주세요.

A table for four, please.
4명 좌석으로 주세요.

A table for how many?
몇 명 좌석이 필요하신가요?

Anything to drink?
음료는 무엇으로 하시나요?

Are you allergic to milk?
우유에 알러지 있으신가요?

Are you open?
영업하시나요?

Are you paying together?
같이 계산하시나요?

Are you reday to order?
주문하시겠어요?

Can I change my order, please?
주문한거 바꿀 수 있나요?

Can I get you a drink while you're waiting?
기다리시는 동안 음료드시겠어요?

Can I get you another bottle of wine?
와인 한 병 더 드릴까요?

Can I get you anything else?

다른 거 더 필요한 거 없으신가요?

Can I have chips instead of salad?

샐러드 대신에 칩으로 주세요.

Can I have my bill?

계산서 주세요.

Can I help you?

무엇을 도와드릴까요?

Can I pay by credit card?

크레딧 카드 되나요?

Can I start you off with anything to drink?

주문하시기 전에 음료 드시겠어요?

Can I take your coat?

코트 보관해 드릴까요?

Can I take your order, Madam?

주문하시겠어요, 손님?

Can I take your order, Sir?

주문하시겠어요, 손님?

Can we change our table?

자리를 다른데로 옮기고 싶은데요?

Can we have separate check?

따로 계산할게요.

Can we have the bill, please?

계산서 주세요.

Can we have the menu, please?

메뉴판 주세요.

Can we seat outside?

바깥 자리에 앉아도 되나요?

Cold you sigh here, please?

여기에 사인해주세요.

Come again soon!

또 오세요.

Could I have a coffee refill, please?

커피 리필 부탁합니다.

Could I have a doggy bag(take-home box), please?

남은 음식 넣게 포장용기 좀 주세요.

Could I have the check, please?

계산서 주세요.

Could we have a non-smoking table, pelase?

금연석으로 부탁해요.

Could we have some more bread, please?

빵 좀 더 주시겠어요?

Could you bring us the menu, please?

메뉴판 주세요.

Could you bring us the salt and pepper, please?

소금과 후추 좀 주세요.

Could you come back a bit later?

잠깐 시간주세요.

Could you pass the salt to me, please?

소금 좀 주세요.

Could we have a menu, please?

메뉴판 주세요.

Did you enjoy your meal?

식사는 어떠셨나요?

Do you accept credit cards?

크레딧 카드 되나요?

Do you have a diet coke?

다이어트 콜라 있나요?

Do you have a kid's menu?

아이들 메뉴가 따로 있나요?

Do you have a reservation?

예약하셨나요?

Do you have a set menu?

세트 메뉴 있나요?

Do you have a wine list?

와인 메뉴 있나요?

Do you need a booster seat for a child?

어린아이를 위한 의자 있나요?

Do you need any help with the menu?

메뉴 결정하시는 데 도와드릴까요?

Do you want a salad with it?

샐러드를 곁들이시겠어요?

Excuse me?

실례합니다 또는 여기요.

Food tastes strange.

맛이 이상해.

Have you booked a table?

예약하셨나요?

Have you got a reservation?

예약하셨나요?

Have you tried our new lobster dish?

새로운 랍스터 요리 드셔보셨나요?

Have you tried our signature menu?

우리 레스토랑 대표 메뉴 드셔보셨나요?

Here is your bill, Mr. Kim.

계산서 여기 있습니다.

Here is your card, Sir.

여기 카드 있습니다.

Here you go.
여기 있습니다.

Here your are.
여기 있습니다.

How do you want your steak cooked?
스테이크는 어느 정도로 구워드릴까요?

How is every thing?
음식 맛이 어떠신가요?

How is your beef, Mr. Kim?
고기는 낫이 어떠신가요?

How is your dessert, Ms. Lee?
디저트는 맛이 어떠신가요?

How is your meal?
식사는 어떠신가요?

How late do you open?
몇 시에 문 닫나요?

How long is the wait?
얼마나 기다려야 해요?

How many are you?
일행이 몇 분이시죠?

How would you like your steak done?
스테이크 굽기는 어떻게 해드릴까요?

How would you like your steak?

스테이크 굽기는 어떻게 해드릴까요?

I am allergic to peanuts.

땅콩에 알러지가 있어요.

I am happy to have helped.

도움을 드려 기쁩니다.

I am ready for my bill.

계산서 부탁해요.

I am really sorry about that.

정말 죄송합니다.

I am sorry that I misheard you.

잘 못들었습니다.

I am starving.

배고프다.

I am sure you will love our chef's special for dessert, it's a chocolate cake.

셰프가 만든 초콜릿케이크를 좋아하실거예요.

I am your waitress this evening.

이 테이블을 담당한 서버입니다.

I appreciate it.

감사합니다.

I booked a table for two for 7pm.

7시에 2명 예약했어요.

I could eat a horse.

배고파서 닥치는대로 먹을 수 있어.

I didn't order that.

이거 주문한거 아닌데요.

I don't think we have anymore steak left.

스테이크가 다 팔렸어요.

I have a reservation under the name of Jenny.

제니라는 이름으로 예약했어요.

I hope we'll see you again soon.

또 오시기를 기대합니다.

I hope you don't mind waiting a few minutes.

잠시 기다려 주시겠습니까?

I hope you enjoy your dinner.

저녁이 입에 맞으셨기를 기대합니다.

I hope you enjoyed your meal and that we'll see you here again some time.

식사가 즐거웠길 기대하며 다음에 또 뵙겠습니다.

I prefer Coke.

코카콜라로 주세요.

I really have to give this restaurant the thumbs up!

이 레스토랑 최고야.

I recommend our home-made ice cream.

저희 업장에서 만든 아이스크림을 추천합니다.

I think I ordered waffles.

저는 와플 주문했는데요.

I understand your frustration. what can I do to help?

당황하셨겠어요. 무엇을 도와드리면 될까요?

I would like a Coke.

코카콜라로 주세요.

I would like a glass of red wine, please.

와인 한 잔 주세요.

I would like an onion soup.

양파 스프로 할게요.

I would like to make a reservation.

예약하려고 합니다.

I would recommend the cucumber soup instead.

대신에 오이 스프를 추천합니다.

I'd like a bowl of chicken soup, please.

치킨스프로 주문할게요.

I'd like a table by the window.

창가좌석으로 주세요.

I'd like my check, please.

계산서 주세요.

I'd like the soup of the day.

오늘의 스프로 주세요.

I'll be with you in just a moment.

잠시 기다리시면 금방 오겠습니다.

I'll bring you another one.

다른 것으로 가져다 드릴게요.

I'll get you a clean one, Sir.

깨끗한 것으로 가져다 드릴게요.

I'll have a continental breakfast.

컨티넨탈 브렉퍼스트로 할게요.

I'll have a medium-rare steak, please.

스테이크는 중간정도로 구워 주세요.

I'll have it well done, please.

바짝 익혀주세요.

I'll have the same.

같은 걸로 주세요.

I'll have the soup as a starter.

스프로 시작할게요.

I'll have the steak for the main course.

주요리로는 스테이크로 주세요.

We'll pay separately.

각자 계산할거예요.

I'll repeat your order.

주문하신 내용은 다음과 같습니다.

I'm a vegetarian.
채식주의자입니다.

I'm sorry, but can I change my order?
죄송한데, 주문을 바꿀 수 있을까요?

I'm sorry, but there is no more asparagus.
죄송한에, 아스파라거스가 다 떨어졌어요.

I'm sorry, Sir, but your name is not in the reservation record.
죄송합니다만 성함이 예약자 명단에 없습니다.

I'm sorry, there are no tables available.
죄송합니다만 만석이에요.

I'm sorry, we don't accept credit cards.
죄송합니다만 카드는 받지 않습니다.

I'm starved to death.
배고파 죽겠어.

I'm very sorry you had this problem.
불편을 드려 죄송합니다.

If you wait, there'll be a table for you free in a minuite.
잠시 기다려 주시면 곧 테이블 마련해드릴게요.

I'll change it for you straightaway.
지금 바로 바꿔 드리겠습니다.

I'll check with the kitchen.
주방에 확인해 볼게요.

I'm sorry, we are out of chicken soup.

죄송한데, 치킨스프가 다 떨어졌어요.

Is everything all right?

식사는 어떠신가요?

Is the salmon steamed or fried?

연어는 찐건가요? 아니면 튀긴 건가요?

Is the sauce spicy?

매운 소스 인가요?

Is the service closed?

영업 끝났나요?

It was a pleasure to serve you.

주문을 받게 되어 기쁩니다.

It was excellent.

맛있었어요.

It'll take about 20 minutes.

20분정도 걸립니다.

It's my pleasure.

제가 다 기분이 좋습니다.

It's under the name of Prince.

프린스라는 이름으로 예약했습니다.

Just some tap water, please.

그냥 물로 주세요.

Just some water, please.

물 주세요.

Keep the change.

잔돈은 넣어두세요.

Let me change it for you.

교체해 드릴게요.

Let me find the right person who can help you with.

누가 도울 수 있는지 찾아볼게요.

Let me repeat that again.

(주문) 확인하겠습니다.

Let me repeat your order.

주문내용 확인할게요.

Let me see what I can do.

제가 무엇을 할 수 있을지 한 번 볼게요.

Let me show you to your table.

테이블 안내해 드릴게요.

May I get a glass of lemonade?

레모네이드 한 잔 주세요.

May I get you anything to drink?

마실거 가져다 드릴까요?

May I have another knife, please?

나이프 다른 것으로 주세요.

May I see the menu?

메뉴판 좀 주세요.

May we sit at this table?

이 자리에 앉아도 될까요?

Pardon me?

다시 말씀해주시겠어요?

Please come again.

또 오세요.

Please come this way.

이쪽으로 오세요.

Please say again.

다시 한번 말씀해주시겠어요?

Please step this way.

이쪽입니다.

Pull out a chair.

의자를 빼주다.

Put a name on the list.

이름을 명단에 적다.

Red or white?

레드 와인인가요? 화이트 와인인가요?

See you on Sunday.

일요일에 뵐게요.

Smoking or non-smoking?

흡연석과 금연석 중 어디를 원하시나요?

Sorry, no pets are allowed.

죄송합니다만 반려견은 입장할 수 없습니다.

Sorry, no smoking is allowed.

죄송합니다만 금연입니다.

Sorry, the hamburgers are off.

죄송합니다만 햄버거는 다 팔렸어요.

Sounds good.

그거 괜찮네요.

Take your time.

천천히 하세요.

Thank you for calling.

전화주셔서 감사합니다.

Thank you for visiting.

방문 감사합니다.

That'll be all for now.

그거면 됐어요.

The food is cold.

음식이 식었어요.

The food is great.

음식이 맛있어요.

The mushroom soup is finished.

양송이 스프는 떨어졌어요.

The toilet is down the stairs and on the left.

화장실은 길 따라 주욱 가셔서 왼쪽입니다.

There is a hair in my soup!

스프에 머리카락이 있어요.

There seems to be a mistake in the bill.

계산서가 잘못되었어요.

There will be a table for you in ten minutes.

10분안에 좌석이 날것 같아요.

This is complimentary.

이건 서비스입니다.

This is our a la carte menu, Sir.

메뉴판 여기 있습니다.

This is the best meal I've eaten in ages.

내가 먹은 음식 중 최고였어요.

Today's special is cheesecake.

오늘의 케이크는 치즈케이크 입니다.

Was everything alright with your meal?

식사는 어떠셨나요?

We are open from 9 p.m. to 10 p.m. every day except on Mondays.

이침 9시부터 저녁 19시까지 월요일을 제외하고 영업합니다.

We don't have Coke, but we have a Pepsi, though.
코카콜라는 없고 펩시는 있어요.

We have a reservation.
예약했습니다.

We have a special menu.
스페셜 메뉴가 있어요.

We have two specialties this week.
이번 주에는 특별 메뉴가 2개 있습니다.

We look forward to seeing you.
다음에 뵙겠습니다.

We misunderstood your request. Let me fix it.
주문을 잘 못 받았네요. 변경해드릴게요.

We need a few more minutes before we order.
몇 분 뒤에 주문할게요.

We need another fork.
포크 하나 더 주세요.

We would like a starter to share, please.
애피타이저는 나눠서 먹을게요.

We'd like a table for two.
2명 좌석 주세요.

We'd like to see the dessert menu, please.
디저트 메뉴판 부탁해요.

We'll be expecting you, Mr. John.

예약일에 뵙겠습니다.

We'll call you as soon as your table is ready.

좌석이 준비되면 연락드릴게요.

We'll take the check.

계산서 주세요.

We're fully booked at the moment.

예약이 꽉 찼습니다.

We're going to split the bill.

각자 계산할게요.

We're ready to order.

주문할게요.

Welcome!

어서오세요.

What are your specialties?

이 집에서 잘하는게 뭔가요?

What can I do for you?

무엇을 도와드릴까요?

What can you recommend?

추천해주세요.

What do you want for the main course?

주 요리로는 어떤 것을 드시겠어요?

What drink can I get for you?

음료는 무엇으로 하시겠어요?

What is the daily special?

오늘의 추천요리는 무엇인가요?

What is the soup of the day?

오늘의 스프는 무엇인가요?

What kind of flavor do you want?

어떤 맛으로 하시겠어요?

What kind of juice would you like?

어떤 주스로 하시겠어요?

What kind of salad dressing would you like, Sir?

어떤 드레싱으로 하시겠어요?

What salad comes with the steak?

스테이크에는 어떤 샐러드가 함께 나오나요?

What side dish would you like?

사이드 메뉴로 무엇을 하시겠어요?

What time do you open for dinner?

저녁은 몇 시에 문을 여나요?

What time do you open for lunch?

점심은 몇 시에 문을 여나요?

What time is your business hour?

영업시간이 어떻게 되나요?

What would you care to drink?

음료는 무엇으로 하시겠어요?

What would you like for dessert?

디저트는 무엇으로 하시겠어요?

What would you like to drink with your meal?

식사와 함께 음료는 무엇으로 하시겠어요?

What would you like to start with?

에피타이저는 무엇으로 하시겠어요?

Where is the bathroom?

화장실은 어디에 있나요?

Where is the restroom?

화장실은 어디에 있나요?

Which wine would you recommend?

어떤 와인을 추천하나요?

Which would you prefer?

어떤 것을 선호하시나요?

Why don't you try the pizza?

피자를 드셔보세요.

Would you care for something to drink?

음료는 무엇으로 하시겠어요?

Would you follow me, please?

이쪽으로 오세요.

Would you like an appetizer?

애피타이저 드시겠어요?

Would you like another coffee?

커피 한 잔 더 드시겠어요?

Would you like any coffee?

커피 드시겠어요?

Would you like any dessert?

디저트 드시겠어요?

Would you like any wine with that?

와인도 함께 하시겠어요?

Would you like anything else?

다른 거 필요한 거 없으신가요?

Would you like anyting to drink?

음료는 하시겠어요?

Would you like coffee or tea with your dessert?

디저트와 함께 커피나 차 드시겠어요?

Would you like dessert after your meal?

식사 후에 디저트 드시겠어요?

Would you like dessert?

디저트 드시겠어요?

Would you like fries with that?

튀김도 함께 주문하시겠어요?

Would you like to try our chef's special today?

셰프의 특별메뉴를 드셔보시겠어요?

Would you like to try our dessert special?

디저트 특별메뉴 드셔보시겠어요?

Would you like to wait in the bar?

잠시 바에서 기다려 주시겠어요?

Would you like your bagel toasted?

베이글 데워 드릴까요?

You have a choice of orange, tomato or grapefruit juice.

오렌지, 토마토, 자몽 주스 중에 선택해주세요.

You're welcome.

천만에요.

Your table isn't quiet ready yet.

좌석이 아직 준비중입니다.

A

a la carte   일품요리

a lipstick stain   입술자국

absolutely   절대적으로

ahead   사전에, 먼저

allergic to   ~에 알러지가 있는

angry   화를 내다

answer   대답하다

aperitif   식전주

apologize   사과하다

appetizer   전채요리

appreciate   감사하다

apron   앞치마

argue   언쟁하다

arrange   마련하다, 일정을 잡다

arrive   도착하다

ashtray   재떨이

assist   간곡히 요청하다

at once   한번에, 즉시

starter   전채요리

attach   붙이다

attend   참가하다

available   가능한

B

bake   굽다

bar   긴 카운터, 바, 술집

barbeque   바비큐

bartender   바텐더

be able to   ~가능하다

beef   소고기

bend   구부리다

beverage   음료

bill   계산서

bind   묶다

bistro   작은 식당

bite   한 입

bite-size   한 입 크기

blah blah   어쩌고 저쩌고, 주저리

blame   비난하다

blunt   무딘

boil　끓다/끓이다

book　예약하다

booth　칸막이된 자리

bottle　병

bottom　바닥

bowl　볼

braised　푹 삶은

bread　빵

bread basket　빵 바구니

break　깨지다

brew　주조하다

bring　가져오다

broken　깨진

brown　갈색이 난

brunch　브런치

brush　붓으로 칠하다

burnt　탄, 눌은

butter　버터

by the window　창가옆

C
café　카페

cake　케이크

call　전화하다

cancel　취소하다

care for something　～주문하다

carry　가져오다

cart　카트

cash　현금

cashier　계산원

centerpiece　센터피스

chair　의자

change　바꾸다

charge　부과하다

check　확인하다

cheese　치즈

chef　셰프

chicken　닭고기

chip　이가 빠진(접시)

chipped　깨진

choice 선택

chop 다지다

chopsticks 젓가락

clean 깨끗이하다

clear 치우다

clear the table 테이블을 정리하다

cloakroom (휴대품)보관소

close 닫다

cloth 옷

cocktail 칵테일

coffee 커피

coke 코카콜라

cold 차갑다

combine 합치다

come with ~딸려오다

complain 불평하다

condiment 조미료, 양념

confirm 확인하다

contact 연락하다

contain 포함하다

cook 요리하다

cooked 조리된

cookie 쿠키

cork 코르크

corkage 코르키지

corkscrew 코르크마개

correct 바로 고치다

cover 포함하다

crack 깨지다

cracked 깨진

crave 간절히 원하다

cream 크림

creamer 크림보관 용기

credit card 크레딧 카드

crispy 바삭한

crouton 크루통

crumb 빵부스러기

crumble 소보루 상태의 반죽

cup 컵

customer 고객

cut 자르다

cutlery 식탁용 식사 도구

D   date 날짜

deal 다루다

deal with 거래하다

deal with complaints 불평을 처리하다

delay 연기하다, 늦어지다

delicate 섬세한

delicatessen 델리카트슨

delicious 맛있는

describe 설명하다

dessert 디저트

detail 자세한

digest 소화시키다

dine 만찬을 들다

diner 식당에 온 손님

dining 식사

dinner 저녁

dip 찍다

directly 직접적으로

discard 버리다

dish 접시

dish 요리

dishwasher 세척기

dispense 나누어 주다, 내놓다

display 전시하다

double-check 재차 확인

dressing 드레싱

drive thru 드라이브 스루

dry 말리다

dull 밋밋한

E   eat 먹다

egg 계란

empty 빈

entrance 입구

entrée 앙트레(주요리)

equipment 도구

etiquette 에티켓

exit 출구

explain 설명하다

extra 추가

eye-contact 눈 맞춤

F fat 지방

fat free 지방이 없는

fill 채우다

finally 최종적으로

find out 찾다

firmly 단호하게

flat 납작한

flat ware 접시류

flavor 맛

floor chart 테이블 배치도

foil 호일

fold 접다

food 음식

fork 포크

fresh 신선한

freshly gound pepper 방금 갈은 후추

fries 튀김

fruit 과일

G garbage 쓰레기

garnish 장식하다

get 얻다

give 주다

glass 유리잔

gluten free 글루텐 프리

go 가다

go well with 잘 어울리다

gourmet 미식

greasy 기름진

grill 그릴

grilled 그릴에 구운

grind 갈다

grip 잡다
ground 갈은, 빻은

H
half 절반
hamburger 햄버거
hamburger bun 햄버거용 빵
handle 처리하다
have a hard time 힘든 시간을 갖다
heavy 무거운
help 돕다
herb 허브
high chair 아이를 위한 의자
hold 빼다
home delivery 집 배달
hot 뜨겁다
hungry 배고프다

I
ice 얼음
ice cubes 얼음 조각
iced 차게 식힌
immediately 직시
in season 제철인
include 포함하다
indicate 가리키다
inform 알려주다
ingredient 재료
insert 넣다
insist 주장하다
instant 즉석
instead ～대신에
interrupt 방해하다
introduce 소개하다
item 아이템

J
juice 주스
just 단지
just a moment 잠시
justify 정당화하다

K　keep　보관하다

　　keep an eye on　예의 주시하다

　　ketchup　케첩

　　kitchen　주방

　　knife　칼

L　label　라벨

　　laugh　웃다

　　leave　떠나다

　　lemonade　레모네이드

　　lettuce　상추

　　lift　들어올리다

　　light　가벼운

　　lined　줄을 맞추다

　　linen　식탁보

　　liqueur　리큐르

　　look　보다

　　lunch　점심

M　main course　주요리

　　make a reservation　예약하다

　　make an eye-contact with someone　눈을 마주치다

　　make sure　확실하게 하다

　　manager　매니저

　　mark　표시하다

　　market price　싯가

　　meal　식사

　　melt　녹이다

　　menu　메뉴

　　mix　섞다

　　move　움직이다

　　mug　머그컵

　　mustard　겨자

N　napkin　냅킨

　　need　필요하다

　　non-smoking　금연석

　　not satisfied with　불만족하다

　　notice　알려주다

O
offer　제공하다
on　〜위에
on the house　공짜
on the rock　얼음을 넣어서
on top　위에
open　문을 열다
order　주문하다
oven　오븐
over-cooked　많이 익히다
overlap　교차하다

P
packet　봉지를 세는 단위
pantry　건조식품 보관장소
party　파티
pastry　페이스트리
pay　지불하다
pepper　후추
perform　수행하다
pick(up)　집다
pickle　피클
piece　조각
place　〜 두다
plate　접시
please　제발, 부디
polish　닦다
portion　일정 양
position　위치
post pone　연기하다
pour　붓다
prefer　〜선호하다
prepare　준비하다
present　제시하다
press　누르다
process　처리하다
pull　당기다
push　밀다
put　두다

R
raw　날것의

ready   준비하다

receipt   영수증

receive   받다

recommend   추천하다

record   기록

refill   채우다

remove   제거하다

repeat   반복하다

replace   교체하다

request   요청하다

reservation   예약

reserve   예약하다

rich   농후한

right away   바로, 즉시

rim   가장자리

roast   굽다

roll   말다

run out of something   ～다 팔다, 떨어지다.

S   salad   샐러드

salt   소금

salt and pepper shaker   소금과 후추병

sandwich   샌드위치

satisfied   만족한

sauce   소스

savory   풍미있는

scoop   한 숟가락 뜨다

scrape   긁다

seafood   해산물

seared   앞 뒷면을 구운

season   간을 하다

seat   좌석

select   선택하다

serve   제공하다

server   서비스 종사원

service charge   서비스료

sesame seeds   깨

set   차리다

set a table   테이블을 차리다

sevice   서비스하다

shake   흔들다

shape   모양

sharp   날카로운

shiny   반짝반짝한

shortly   빠르게

show   보여주다

side order   추가 주문하다

sign   서명하다

signature   서명하다

silverware   은식기류

slice   얇게 자르다

smile   웃다

smoking   흡연

soda   소다 음료

soft drink   소프르 음료

solve   해결하다

some coffee   커피 조금

some juice   주스 조금

some sugar   설탕 조금

some water   물 조금

sommelier knife   소믈리에 나이프

soup   스프

soup de jour   오늘의 스프

sour   (맛)시다

sparkling   탄산이 있는

special   스페셜한

special price   스페셜 가격

specialty   잘하는 것(주력)

spices   향신료

spicy   매운

spill   엎지르다

spoon   숟가락으로 뜨다

spotless   자국이 없는

spout   따르는 주둥이(주전자)

sprinkle   위에 뿌리다

stack   쌓다

stain   얼룩지다

stained   얼룩진

stale 냄새나는, 신선하지 못한

stand 참다

starve 배고프다

steak 스테이크

steam 찌다

stem 줄기

steward 승무원

stick 막대기

still 여전히

stir 젓다

stock 재고

straight 아무것도 섞지 않은

strong 강한

stuff 물건, ~것들

sugar 설탕

suggest 제안하다

sure 확신하는

sweet 달다

T   table 테이블

take 가져가다

take away 가져가다

talk 이야기하다

taste 맛보다

tasty 맛있는

tea 차

tear 찢다

tender 부드럽다

thin 얇은

tip 봉사료

to taste 맛보다

to the right 오른편

toast 굽다

tomato 토마토

toothpick 이쑤시개

topping 토핑

toss 버무리다

tough 질긴

transfer 옮기다

trash　버리다
tray　쟁반
trolley　트롤리
try　시도하다
turn　돌리다
twist　비틀다

U　upset　화나다
　　utensil　도구

V　vegetables　채소
　　vegetarian　채식주의자
　　view　보다
　　vinaigrette　비니그렛
　　vinegar　식초

W　wait　기다리다
　　waiter　웨이터(남)
　　waitress　웨이트레스(여)
　　walk-in customer　예약없이 방문한 손님
　　warm　데우다
　　warm up something　～을 데우다
　　water　물
　　welcome　환영하다
　　well-done　바짝 익히다
　　whipped cream on top　휘핑크림을 올린
　　whole　전체, 통
　　wipe　닦다
　　wish　바라다
　　wrap　감싸다
　　write　적다

REFERENCE

참고문헌

국내문헌

- 나는 레스토랑 영어다(한선희, 기문사)
- 서울시 자랑스러운 한국음식점 정보(2016, 서울특별시)
- 패턴으로 익히는 생생 조리영어(2015, 교문사)
- 한식메뉴 외국어표기 길라잡이(농림축산식품부)
- 한식조리사를 위한 키친 잉글리시, 한식재단

국외문헌

- A journey to delicious Korea, 한식재단
- An Illustrated "How to" Book on KOREAN FOOD, 농수산물유통공사
- English for everyday activities, Compass Publishing
- English for restaurant workers, Compass Publishing
- Hospitality Professionals, Compass publishing

웹사이트

- 네이버 지식백과(http://terms.naver.com)
- 위키피디아 백과사전(http://en.wikipedia.org)
- Balthazar Restaurant New York(https://balthazarny.com)

저자 소개

김태현
Culinary Institute of America(New York), Baking and Pastry 전공
Syracuse University(New York), TESOL 석사
경희대학교 조리외식경영학 박사
현) 대림대학교 제과제빵과 교수